BIANDIAN JIANXIU CHANGJIAN QUEXIAN ANLI FENXI

变电检修常见缺陷案例分析

国网浙江省电力有限公司绍兴供电公司　组编

中国电力出版社

CHINA ELECTRIC POWER PRESS

内 容 提 要

本书旨在为变电检修管理人员与技术人员提供一本贴近实际工作的变电检修常见缺陷处理参考书，书中选取变电运维工作中的开关类设备和三变类设备 110 个变电检修常见缺陷案例进行分析，每个案例包括异常概况、设备信息、异常发现过程、现场检查及处置情况、综合分析、后续措施等部分。本书图文和数据详实，语言朴素，内容深入浅出，可读性较高。

本书适用于变电检修管理人员与技术人员自学参考，也适用于变电类相关专业的高校学生学习使用。

图书在版编目（CIP）数据

变电检修常见缺陷案例分析/国网浙江省电力有限公司绍兴供电公司组编. --北京：中国电力出版社，2024.12. --ISBN 978-7-5198-9421-4

Ⅰ. TM63

中国国家版本馆 CIP 数据核字第 2024TE3499 号

出版发行：中国电力出版社
地　　址：北京市东城区北京站西街 19 号（邮政编码 100005）
网　　址：http://www.cepp.sgcc.com.cn
责任编辑：穆智勇（010-63412336）
责任校对：黄　蓓　常燕昆
装帧设计：郝晓燕
责任印制：石　雷

印　　刷：北京雁林吉兆印刷有限公司
版　　次：2024 年 12 月第一版
印　　次：2024 年 12 月北京第一次印刷
开　　本：787 毫米×1092 毫米　16 开本
印　　张：13.25
字　　数：282 千字
定　　价：80.00 元

前言

　　变电检修管理人员与技术人员作为保障电网安全稳定运行的重要力量，要不断夯实专业基础，积累变电检修缺陷处理经验和分析能力，不断提升变电设备日常运行维护水平，为此，编者编写了这本《变电检修常见缺陷案例分析》。

　　本书收集了国网浙江省电力有限公司变电运维工作中的开关类设备和三变类设备变电检修常见缺陷案例，按照设备大类、缺陷部位和缺陷类型逐级分类整理，对每个案例的异常概况、设备信息、异常发现过程进行较为详尽的描述，并针对性地提出处置和综合分析方法。本书案例来源于一线实际工作，书中采用日常所讲的简称，如主变压器简称主变、电压互感器简称压变、电流互感器简称流变、断路器简称开关、隔离开关简称闸刀、接地闸刀简称地刀等，方便读者将案例内容与实际工作结合，尽快提升变电检修缺陷处理效率和能力。

　　本书编写过程中，国网浙江省电力有限公司领导和专家给予了大力支持。此外，本书还得到了国网浙江省电力有限公司电力科学研究院的大力协助，在此表示衷心的感谢。

　　本书适用于变电检修管理人员与变电检修技术人员自学与参考，也适用于变电类相关专业的高校学生学习使用。

　　由于编写人员水平所限，书中不足之处在所难免，敬请同行专家和读者批评指正。

编　者

2024 年 12 月

目录

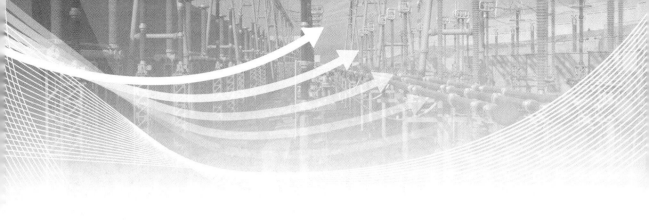

第一章 开关类设备

第一节 组合电器

一、断路器机构故障

案例一 拒分

1. 异常概况

5月9日，220kV某变电站（简称某变）某线投产过程中，操作开关分闸时报控制回路断线，未报未储能信号，同时开关机构箱有浓烟，现场检查分闸线圈烧毁。

2. 设备信息

GIS设备型号 ZF10-126，投运日期 2017年6月18日，上次检修日期 2020年9月22日。

3. 异常发现过程

220kV某变某线投产过程中，操作开关分闸时报控制回路断线，未报未储能信号，同时开关机构箱有浓烟冒出。

4. 现场检查及处置情况

现场打开断路器机构壳体，断路器未合闸到位，断路器机构齿轮盘和合闸弹簧拉杆与相连的连接销未过死点，如图1-1所示。

此时机构合闸未到位，储能节点还处在压住的位置，因此后台未报未储能信号，储能电机未启动，机构机械位置为未储能位置，详见图1-2位置对比图。在将机构调整到合闸正确位置后，后台报"弹簧未储能"信号。

检修人员将机构调整至正常合闸位置（图1-3中箭头位置为机构运动方向），断路器能够正常手动分闸。

现场检查断路器分合闸线圈行程、空程、凸

图 1-1　齿轮盘与合闸弹簧拉杆位置示意图

轮间隙等数据符合要求，检查合闸弹簧螺丝紧固未松动，采用双螺丝紧固，并放松螺母。

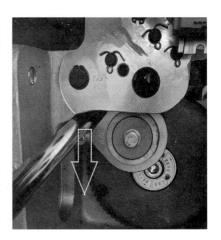

图 1-2　机构未到位时节点位置、正常弹簧未储能位置对比图　　图 1-3　调整示意图

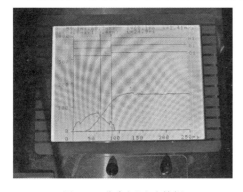

图 1-4　分合闸试验数据

更换分闸线圈后，多次对机构进行分合闸试验，未复现当时的故障。试验数据如图 1-4 所示，分闸速度合格，合闸速度为 2.41m/s，低于要求值（3±0.5）m/s。

为保证合闸速度，对合闸弹簧压力进行了调节，加大了合闸弹簧力度。调节时，通过调节合闸弹簧后部的螺母压缩合闸弹簧，从而加大合闸弹簧的力度。

5. 综合分析

结合现场处置过程，分析本次故障的原因为：合闸弹簧（从 P_1、P_2 值去分析，合闸弹簧疲劳，输出功不足）长时间处于储能受力状态，导致合闸弹簧可能存在受力变形，在原有的弹簧压缩量的情况下输出压力降低，合闸速度降低；同时机构长时间未动作后，机构传导阻力变大，造成机构第一次操作时无法合闸到位，断路器无法分闸。

6. 后续措施

（1）要求设备厂家结合现场检修情况，进一步分析本次故障的原因，对存在问题的设备进行针对性整改，避免后续再次引起拒分。

（2）结合故障原因，若存在隐患的设备，应及时明确问题设备清单，针对隐患变电站申请停电计划进行处理。

案例二　拒合

1. 异常概况

4月6日，220kV某变110kV侧C级检修过程中，发现某间隔开关拒合，手动顶开合闸线圈，脱扣后机构仍然无法动作。现场检查发现开关在合位时储能过程中有很大的机构摩擦声，随后机构卡死，无法储能到位。更换开关机构主轴及相关轴承后恢复正常。

2. 设备信息

组合电器型号 ZFW31-126，投产日期 2014 年 6 月 29 日；开关机构厂家为某公司。

3. 异常发现过程

220kV 某变 110kV 侧 C 级检修过程中，发现某间隔开关拒合，手动顶开合闸线圈，脱扣后机构仍然无法动作。

4. 现场检查及处置情况

现场检查顶开机构合闸掣子，机构无法合闸，如图 1-5 所示，机构合闸状态下储能时发出机械摩擦声，机构卡死。厂家现场检查后初步判断机构主轴卡死引起。

图 1-5　合闸脱扣后无法合闸

拆出主轴后检查发现主轴轴承卡死无法转动，内部润滑油对比新安装的轴承及齿轮润滑脂明显较少，主轴上轴承对应位置受力变形，存在压痕和坑洞，如图 1-6 所示。更换轴承后机构恢复正常，新主轴及轴承油脂较多，且采用进口油脂。

5. 综合分析

结合现场处置过程，分析开关机构卡死原因为：机构内部油脂过少，造成主轴和轴承摩擦阻力变大，机构主轴和轴承之间压力过大，变形卡死。轴承内部润滑脂装配时涂抹过少或原有润滑脂蒸发，使得机构内部无润滑脂渗出；机构主轴和轴承强度不能满足断路器分合及储能的强度，压力下变形后卡死。

6. 后续措施

（1）防止现场同一批次设备发生同类异常，结合停电完成剩下各间隔开关机构主轴更换工作。

（2）结合日常综合检修及维护，做好轴承维护及润滑工作。

（3）建议后期轴承润滑脂选用蒸发率低、安定性好的高性能产品。

（4）严格按十八项反措"三年内未动作过的 72.5kV 及以上断路器，应进行分/合闸操作"要求开展断路器传动操作，结合停电加强机构关键零部件检查、传动顺畅性检查和传动部件适当润滑。

案例三　合误分

1. 异常概况

12 月 5 日，220kV 某变某间隔检修后复役过程中，遥控操作开关合闸，三相不一致

图 1-6　主轴轴承及位置

动作，查看故障录波信息，发现 A 相开关存在合不上现象，2.5s 后三相不一致动作跳开三相开关。经现场检修及返厂解体检查后发现，机构防空合掣子存在设计缺陷，分闸保持掣子复位弹簧弹力不足，导致无法合闸保持，现场更换新防空合掣子、分闸掣子复位弹簧后，试验合格，缺陷消除。

2. 设备信息

组合电器型号 ZF11B-252（L），机构型号为 CT27 弹簧操动机构，出厂时间为 2014年 4 月，投运时间为 2014 年 7 月。

3. 异常发现过程

220kV 某变某间隔配合对侧检修后复役过程中，遥控操作开关合闸，三相不一致动作，查看故障录波信息，发现 A 相开关存在合不上现象，2.5s 后三相不一致动作跳开三相开关。

4. 现场检查及处置情况

检修人员对开关进行初步检查，开关机械指示均处于分位，设备外观未见明显异常，气室压力正常，分闸掣子及合闸保持掣子正常，复归弹簧位置正确，如图 1-7、图 1-8 所示。

对机构合闸弹簧预压缩量进行测量，其分别为 A 相 85mm、B 相 78mm、C 相 49mm，如图 1-9 所示，A 相合闸弹簧预压缩量相对 B、C 相过大。

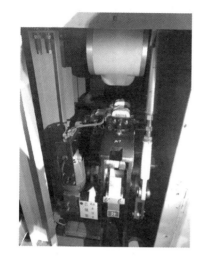

图 1-7　机构外观正常

图 1-8　分闸掣子检查

(a) A 相合闸弹簧

(b) B 相合闸弹簧

(c) C 相合闸弹簧

图 1-9　合闸弹簧预压缩量

　　检修人员对开关进行 5 次就地分合操作，A 相开关均未能合上。手动操作合闸线圈铁芯合闸，前三次 A 相开关能合上，之后再次发生合后即分现象。人为在分闸掣子加一保持力合作操作，每次均能正常合闸。对断路器进行机械特性试验，测试结果发现 A 相合闸速度过快，已超出厂家技术要求。对断路器进行低电压动作试验，A 相开关在合闸电压 90V 时脱扣，但合不上，120V 及以上时脱扣能合上。

　　对返厂的 A 相机构进行解体检查测试，发现 A 相防空合掣子销存在弯曲变形（见图 1-10），分析原因为 A 相多次进行合分操作，短时间内多次经受冲击，防空合掣子上的销轴较长，摆动幅度和摆动惯性

图 1-10　防空合掣子销弯曲变形

较大导致变形，现厂家已进行设计改进。

根据厂家设计图纸测量掣子、轴销、复位弹簧等部件关键尺寸，数据均合格。分闸保持掣子表面粗糙度为 $0.8\mu m$，满足不大于 $1.6\mu m$ 的技术要求；分闸保持掣子轴销表面粗糙度为 $0.22\mu m$，满足不大于 $0.8\mu m$ 的技术要求。

对 A、B、C 相分闸保持掣子复归弹簧的 P_1、P_2 值进行测量，发现 A、B 相分闸弹簧的 P_1 值偏低，且 A 相超出下限，分别为 146.3N、152.5N（技术要求弹簧压缩至 67mm，$P_1=164N\pm16N$），C 相正常，为 166N，如表 1-1 所示。

表 1-1 分闸复位弹簧测量值

测量项目	P_1（N）	P_2（N）
技术要求	164±16	351±35
A 相实测值	148/147.3/146.3（偏小）	337/337.5/335.6
B 相实测值	152.5	347.4
C 相实测值	166	358.7

对 A、B、C 相合闸弹簧的 P_1、P_2 值，A 相分闸弹簧的 P_1、P_2 值进行测量，发现 A、B 相合闸弹簧的 P_1 值超出下限，分别为：23958N、23558N（技术要求弹簧压缩至 465mm，$P_1=25500N\pm1275N$），C 相正常，为 25083N；B 相合闸弹簧的 P_2 值超出下限。测量结果如表 1-2 所示。

表 1-2 合闸复位弹簧测量值

测量项目	分闸弹簧 P_1（N）	分闸弹簧 P_2（N）	合闸弹簧 P_1（N）	合闸弹簧 P_2（N）
技术要求	15040±750	30800±1500	25500±1275	41900±2095
A 相实测值	14536	29428	23958（偏小）	40233
B 相实测值	—	—	23558（偏小）	39706（偏小）
C 相实测值	—	—	25083	41243

对 A、B、C 相分闸掣子复归弹簧的 P_1、P_2 值进行测量，测试结果符合技术要求。

5. 综合分析

通过机构结构分析、零部件检测结果和验证，造成本次合后即分异常的主要原因为合闸速度偏大（A 相 4.37m/s；正常值 3.6m/s$\pm$0.6m/s），同时分闸保持掣子复位弹簧 P_1 值偏小，合闸动作后，分闸保持掣子与分闸掣子扣接位置存在偏移，发生脱扣情况，致使出现合后即分的情况。

6. 后续措施

（1）针对分闸保持掣子复归弹簧 P_1 值在运行后下降原因开展进一步分析，分别在弹簧 P_1 值为下限、中段、上限时模拟合后即分现象，记录临界合闸弹簧压力与合闸速度，并形成技术报告。

（2）结合合闸弹簧 P_1、P_2 值偏小原因，建议厂家重新优选弹簧供应商，并严格把好质检关。

（3）厂家提供改进前防空合掣子机构的批次清单，并限期整改。

（4）为确保设备运行稳定，对同批次弹簧机构安排整体更换。

二、隔离开关机构故障

案例一 合闸不到位

1. 异常概况

5 月 28 日，500kV 某变某线复役操作过程中（配合对侧工作），合上线路闸刀后，检查合闸位置机构限位器与标准合闸位置相差 3～5mm，监控后台显示合位，机构指示未完全到位，通过调整闸刀控制回路行程开关位置后试分合正常。

2. 设备信息

组合电器设备型号为 ZF16-252，出厂日期 2017 年 3 月，投运日期 2019 年 4 月，上次检修时间为 2021 年 1 月，检修情况正常，复役合闸检查无异常。

3. 异常发现过程

复役操作过程中（配合对侧工作），合上线路闸刀后，检查合闸位置机构限位器与标准合闸位置相差 3～5mm，监控后台显示合位，机构指示未完全到位。

4. 现场检查及处置情况

现场对某线路闸刀分、合闸状态进行检查，发现闸刀各传动部件无明显锈蚀卡滞情况，对闸刀进行电动操作，发现合闸欠位，其中 A、B、C 相欠位分别为 5、3、3mm（厂家标准要求不超 2mm），后进行分闸操作，发现仍为欠位状态，其中 A、B、C 三相欠位分别为 4、3、3mm。闸刀手动分、合操作均可正常到位，操作过程无明显卡涩现象，其余检查未见明显异常情况。闸刀合闸欠位、正常位置对比如图 1-11 所示。

(a) 闸刀合闸欠位　　　　　　　(b) 闸刀正常位置

图 1-11　闸刀合闸欠位、正常位置对比图

现场经调整分、合闸行程开关位置后（延长电机转动时间），闸刀手电动操作均正常

到位。

5. 综合分析

根据现场检查处理情况，分析某线路闸刀分、合闸欠位原因为分、合闸行程开关位置安装调整不当，导致电机过早切断造成闸刀分合闸欠位。

前期设备安装调试时闸刀合、分闸虽然操作到位，但未依靠限位碟簧进行制动，且未做充分调试验证发现问题。随着运行时间的增加，闸刀运动阻力略有增大，依靠运动惯性无法再达到原定位点，造成分合闸欠位。

6. 后续措施

（1）要求厂家对该变电站同型号产品开展专项排查，反馈详细的排查报告，并针对发现的问题逐一分析，提出相应的处置建议。

（2）其余变电站同型号设备结合检修对闸刀分、合闸状态及限位碟簧压紧状态进行检查，如发现分、合闸欠（过）位 2mm 以上或者限位碟簧未压紧则进行调整。

（3）要求厂家规范现场工艺执行，提升设备安装工艺，后续厂内装配及现场调试时须多次操作、检查，确认设备操作稳定可靠。

案例二　传动机构卡涩

1. 异常概况

10 月 26 日，220kV 某变开展某线路闸刀连杆隐患整治。在完成该闸刀拐臂、接头、连杆更换后，发现分合闸定位点不合格。在分合闸定位点调试过程中，电动分合闸操作卡滞，卡死在分闸位置，无法进行手动或电动合闸操作。

现场检修人员脱开相间连杆，手动逐相检查，发现 A、C 两相传动轴卡死，B 相正常，初步怀疑线路闸刀 GIS 内部卡滞，需开气室处理。

2. 设备信息

组合电器设备型号 ZF16-252，投运日期 2010 年 3 月，上次检修日期 2021 年 3 月。

3. 异常发现过程

10 月 26 日，220kV 某变开展某线路闸刀连杆隐患整治。在完成该闸刀拐臂、接头、连杆更换后，发现分合闸定位点不合格。

4. 现场检查及处置情况

10 月 27 日凌晨 5 时，检修人员回收 A、C 相 SF_6 气体后，打开 A、C 相拐臂盒，发现无法手动转动拐臂盒传动轴（图 1-12 上方框内）和内部绝缘杆（图 1-12 下方框内），确认 A、C 相内部发生卡滞。

检修人员随即开展某线路闸刀 A、C 两相整体部件更换工作，于 10 月 30 日完成更换，SF_6 微水试验、回路电阻、耐压等试验均合格。

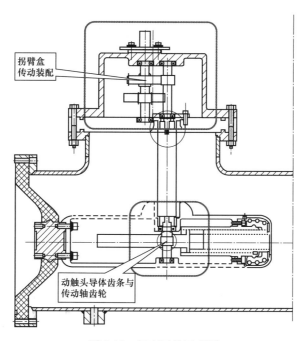

拐臂盒
传动装配

动触头导体齿条与
传动轴齿轮

图 1-12 隔离开关示意图

5. 综合分析

检修人员对拆下来的 A 相（C 相封条，准备返厂解体分析）主导电杆进行检查，发现 A 相动触头导体齿条与传动轴齿轮均有磨损痕迹，如图 1-13 所示。

齿条根部磨损痕迹

齿条磨损痕迹

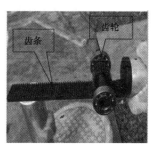

齿条

齿轮

(a) 拆下来的A相动触头齿条和齿轮

(b) 齿轮与齿条啮合

图 1-13 动触头导体齿条

经调查分析，厂家技术人员在完成三相连杆拐臂更换后，电动分合闸刀进行定位孔调试，发现三相分合闸定位点均不满足技术要求。无论放长或是缩短相间连杆伸缩节，均无法调正定位孔，厂家技术人员直接拆除了 AB 和 BC 的相间连杆（标准工艺是调整机构内行程开关），在实际闸刀分闸位置强行转动 A、C 相拐臂向分闸转动，导致齿轮在齿条根部打滑摩擦，直至最后卡死，无法退齿。

6.后续措施

（1）要求厂家对现场服务人员进行整顿，提高现场服务人员素质，更换现场技术人员，配合完成该站余下的闸刀连杆反措工作。

（2）拆下来的 C 相进行返厂解体分析，并要求厂家进行同类型批次完整的单相闸刀机构模拟试验，进一步分析研究设备是否存在家族性设计隐患，并研究反措整治办法。

（3）加强检修人员的 GIS 设备培训，培训课程应贴近实际，切实满足现场工作需要。

案例三　误动

1.异常概况

6 月 14 日，220kV 某变在操作过程中发生 2 号主变压器（简称主变）110kV 主变闸刀操作至 1/3 位置时卡住，同时机构箱内部冒出烟雾。现场检修人员进行初步检查，打开机构箱后发现电机已烧毁，在拆除外部齿轮等传动部件后，采用手动操作方式发现内部传动机构卡涩，无法操作，且传动轴上有锈蚀痕迹，而机构箱内齿轮正常传动，故判断为内部故障。

2.设备信息

组合电器设备型号 ZF12-126（L）型，投运日期 2018 年 11 月，出厂日期 2018 年 3月，上次检修日期 2020 年 3 月。

3.异常发现过程

2021 年 6 月 14 日，220kV 某变在操作过程中发生 2 号主变 110kV 主变闸刀操作至 1/3 位置时卡住，同时机构箱内部冒出烟雾。

4.现场检查及处置情况

现场检查机构箱内部，电机已烧毁，传动轴、传动齿轮正常，如图 1-14 所示。将机构拆除后，传动轴上有锈蚀痕迹，采用手动操作方式发现内部传动机构卡涩，无法操作。

图 1-14　机构及传动轴

由于锈蚀部位在气室密封之外，内外滚珠轴承之间有一中间挡板，如图 1-15 所示，内轴承需要拔出传动杆并拆下气室密封后才能更换。

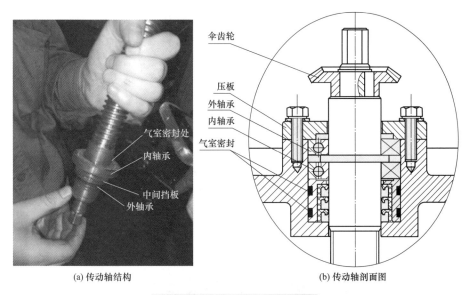

(a) 传动轴结构　　　　　　　　　(b) 传动轴剖面图

(c) 传动外轴承

图 1-15　传动杆机构

　　现场回收气室气体后，拆下传动部件，发现两处滚珠轴承处锈蚀严重，已经无法转动，如图 1-16 所示。其他内部部件均无异常情况，在厂方人员配合更换锈蚀部件并装复后，测试分合闸正常、回路电阻正常，充气静置完毕后 SF$_6$ 气体微水、纯度正常，耐压试验合格，于 6 月 17 日下午成功送电复役。

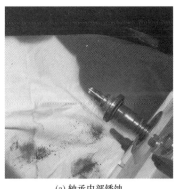　

(a) 轴承内部锈蚀　　　　　　　　(b) 轴承滚珠

图 1-16　内部滚珠轴承生锈卡涩

5．综合分析

对比传动杆压板的结构可知，2个滚珠轴承位于气室密封和压板之间，新的压板较老压板相比多了一道密封，如图1-17所示，能有效阻止水气进入滚珠轴承处，防止此处锈蚀。而早期产品无密封，存在水气进入轴承内部的通道，为厂家设计缺陷。

(a) 改进型　　　　　　　　　(b) 原有的

图 1-17　改进型与原有的传动杆压板对比

进一步探究进水原因，发现机构箱也存在一道密封，能很大限度防止水分进入，且此GIS设备位于室内，本间隔其他闸刀机构箱内未发生锈蚀，故判断不是投产后水气进入。

基于上述分析，判断故障原因：GIS机构箱由于是户内站设计，防水等级低，设备运输、存放及安装时有水气进入机构箱内，而轴承上方的压板存在设计缺陷，水气进入轴承内部引起轴承锈蚀，使得轴承无法滚动，最终导致闸刀操作卡死、电机烧毁。

6．后续措施

（1）结合停电排查同类型设备运行情况，重点检查朝上的机构箱密封情况和内部关键传动部件的锈蚀状况，对有问题设备进行整改。

（2）督促厂家完善设计，增加轴压板轴封。

（3）出厂验收时注意检查传动轴密封情况，发现类似问题及时要求厂家整改。

（4）设备交货时检查运输过程中有无雨布损坏、进水等现象。同时在安装过程中检查各部件是否合格。

（5）GIS在安装过程中，存放在户外的设备须做好防雨水措施，特别是户内设计的GIS设备。

三、内部导体故障

案例一　螺栓松动

1．异常概况

2月1日，220kV某变例行巡视发现某线A相线路电压互感器（俗称压变）上方气室（即线路闸刀及压变筒三通气室）有异常声响，后台无其他异常信号，现场确认异响源来自气室内部，三相筒体表面温度无明显差异。现场对该气室进行特高频、超声波局部放电及气体分解物检测，各项指标严重超标（线路闸刀气室和压变气室之间隔盆处特高频局部放电检测值为－18dB，背景－70dB；超声波局部放电检测有效值闸刀气室1000mV、压变气室300mV，背景0.2mV；SO_2为110.4ppm，H_2S为7.8ppm，标准均不大于1ppm），初步判断内部存在严重局部放电现象。为防止设备隐患继续发展为闪络故障，经专业研判汇报后线路紧急拉停。

2. 设备信息

组合电器设备型号 ZF9-252，出厂编号 2GBH01264，投产日期 2019 年 11 月 21 日，投产时各项试验未发现异常。上次巡视时间为 2020 年 1 月 21 日。

3. 异常发现过程

某变例行巡视发现某线 A 相线路压变上方气室（即线路闸刀及压变筒三通气室）有异常声响，后台无其他异常信号，现场确认异响源来自气室内部，三相筒体表面温度无明显差异。

4. 现场检查及处置情况

现场对异常气室进行了特高频、超声波局部放电及气体分解物检测，各项指标严重超标（线路闸刀气室和压变气室之间隔盆处特高频局放检测值为－18dB，背景－70dB；超声波局放检测有效值闸刀气室1000mV、压变气室300mV，背景0.2mV；SO_2为110.4ppm，H_2S为7.8ppm，标准均不大于1ppm），需解体进一步检查。

回收气室气体，拆除压变支撑，打开气室发现压变顶端有大量灰色粉末（见图1-18），压变导电杆表面有大量白色粉末（见图1-19），且隔离开关内部触头座及其固定螺栓随三通导电杆一起脱落。拔出三通内部导体后，发现紧固隔离开关内部触头的4个螺栓全部掉入三通气室导电杆内腔中，且4颗螺栓表面（见图1-20）、隔离开关触头座连接面（见图1-21）及线路闸刀气室水平导电杆接触面（见图1-22）均有明显烧灼放电痕迹。

图 1-18　压变气室顶端灰色粉末

图 1-19　压变导电杆表面白色粉末

图 1-20　固定螺栓脱落且有放电痕迹

图 1-21　触头座连接面放电痕迹

(a) 触头座连接面

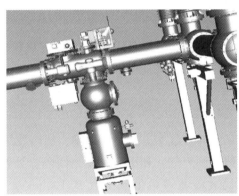

(b) 故障位置

(c) 触头座固定螺栓

(d) 静触头

图 1-22　闸刀气室水平导电杆接触面放电痕迹及触头座固定螺栓

5. 综合分析

根据现场解体检查的情况分析，综合判断异常原因为线路闸刀气室厂内装配时隔离开关触头座固定螺栓紧固力矩值不到位（M12 螺栓，应打 48N 力矩），通电运行后在电场力作用下长时间微震使螺栓逐步松动，导致隔离开关气室内部触头座与水平连杆连接面处接触不良电位悬浮放电，造成线路 A 相隔离开关气室 GIS 内部局部放电及气室异响现象。

6. 后续措施

（1）更换线路闸刀气室，并对相邻气室（通盆连接）内部进行清理，由于三相共用一套密度继电器，所以对 B、C 两相气室内情况进行同步检查，消除放电隐患，后续落实抢修后带电检测。

（2）对同期投产的线路间隔加强特巡和局部放电跟踪检测。

（3）要求厂家对异常设备进一步开展返厂分析，认真追溯厂内安装工艺记录，严格排查安装、检测、检验质量控制各环节，如实反馈装配工艺执行或管理流程存在的问题并提出相应整改措施，同时对同期投产在运设备明确处置意见。

（4）严格落实带电检测规范要求，对新安装及 A、B 类检修开筒后重新投运一周内开展特高频及超声波局部放电检测，重点关注 GIS 设备运行情况。

（5）加强主设备全过程监督见证，督促厂家落实关键工艺管控及设备质量提升，严把新设备入网关口，确保新设备零缺陷隐患投产。

<hr>

案例二　避雷器内部击穿

1. 异常概况

8 月 21 日下午，运维人员在 110kV 某变巡视时发现某线路避雷器 B 相泄漏电流 0.75mA，为初值的 1.5 倍，属于紧急缺陷。对该线路避雷器进行带电检测，确认 B 相避雷器全电流和阻性电流均超标，避雷器气室内部存在缺陷。图 1-23 为故障时避雷器泄漏电流读数。8 月 27 日下午，对故障避雷器进行解体检查，发现内部阀片与引下线碰触，在雷击过电压下引线绝缘击穿。

图 1-23　故障时避雷器泄漏电流读数

2. 设备信息

该线路避雷器于 2018 年 7 月投运，首次带电检测数据正常。最近一次巡视时间为 8 月 17 日，情况良好。表 1-3 所示为该线路避雷器泄漏电流表读数。

表 1-3　　　　　　　　　　　　　线路避雷器泄漏电流表读数

相别	初值（mA）	当前值（mA）	电流变化率（%）	动作计数值	记录时间
A	0.5	0.5	0	6	
B	0.5	0.75	50	7	8月22日
C	0.5	0.5	0	6	
A	0.5	0.5	0	5	
B	0.5	0.5	0	5	8月17日
C	0.5	0.5	0	6	

3. 异常发现过程

在巡视工作时，发现线路避雷器 B 相泄漏电流 0.75mA，为初值的 1.5 倍，属于紧急缺陷。对该线路避雷器进行带电检测，确认 B 相避雷器全电流和阻性电流均超标，避雷器气室内部存在缺陷。

4. 现场检查及处置情况

线路避雷器阻性电流测试数据、出厂试验数据见表 1-4、表 1-5，从中可以看出，线路避雷器 B 相全电流较初值增大 50%，阻性电流 0.305mA 为 A 相（取 A、C 相大者）的 2.5 倍且超过出厂保证值 0.23mA，相位角为 73.27°，远小于正常值。与相邻线路避雷器比较，B 相数据也存在明显差异。按照 Q/GDW 1168—2013《输变电设备状态检修试验规程》要求，该线路避雷器 B 相阻性电流检测数据不符合要求，确认避雷器存在内部缺陷。

表 1-4　　　　　　　　　　　　　线路避雷器阻性电流测试数据

设备名称		在线监测仪（mA）	全电流有效值（mA）	阻性电流基波（mA）	相位角 φ（°）
某线路避雷器	A	0.5	0.509	0.121	80.31
	B	0.75	0.751	0.305	73.27
	C	0.5	0.500	0.116	80.51
相邻线路避雷器	A	0.5	0.505	0.100	81.96
	B	0.5	0.500	0.088	82.83
	C	0.5	0.500	0.081	83.35

表 1-5　　　　　　　　　　　　　线路避雷器出厂试验数据

出厂编号	间隔名称	相序	阻性电流峰值（mA，≤0.23mA）	全电流（有效值 mA，≤0.9mA）
1810-002	某线路	A	0.169	0.659
		B	0.175	0.661
		C	0.175	0.663
1810-001	相邻线路	A	0.174	0.666
		B	0.167	0.656
		C	0.174	0.658

8月27日下午，在试验大厅对线路避雷器气室进行解体，解体情况如图1-24所示。避雷器每相由22片氧化锌电阻阀片串联组成。避雷器下引线布置较乱，多处与阀片有触碰。对阀片进行外观检查，发现B相自上而下第16片外观存在放电痕迹，如图1-25所示；对避雷器下引线检查，发现B相避雷器下引线有一外绝缘击穿点，如图1-26所示。使用2500V绝缘电阻表电压档测量该位置绝缘，有明显火花放电现象，绝缘电阻为零，存在绝缘击穿点，如图1-26所示。其他位置外皮绝缘电阻40GΩ。对三相单个阀片进行直流参考电压及泄漏电流值测试，数据合格，阀片无劣化或受潮情况。

图1-24　避雷器外观及结构照片

图1-25　避雷器内部阀片及下引线照片

根据带电检测及解体情况分析，认为是B相避雷器引下线与第16片阀片触碰，在雷击过电压下引线绝缘击穿，导致避雷器下部第17～22片阀片被短接。即剩余的16片避雷器阀片承受了全部的运行电压，从而使泄漏电流较初值增大1.5倍，阻性电流也急剧升高超过出厂保证值。

经过对线路避雷器进行带电检测，确认其内部存在缺陷。8月23日晚开始对避雷器气室进行更换，并于8月25日下午14时结束。8月26日线路复役，泄漏电流数据正常。

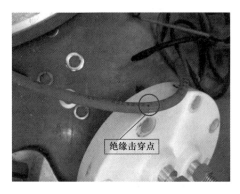

图 1-26　避雷器 B 相引下线绝缘击穿图

5. 综合分析

通过带电检测和解体分析，得到避雷器泄漏电流超标原因为：避雷器下引线布置杂乱，厂家在设计上并没有采取防止引线与避雷器阀片短接的措施，在装配环节工艺控制不佳，顶部绝缘盆子密封前也未进行下引线状态的检查，导致 B 相避雷器下引线与 16 号阀片触碰，在雷电过电压下引线局部击穿，短接了下部 6 个阀片。

6. 后续措施

（1）要求厂家完善避雷器下引线走线设计，从设计上采取措施，彻底防止引下线与避雷器阀片短接。提供同型号同批次的 GIS 设备，进一步排查有类似情况的避雷器气室，对存在问题的避雷器气室进行更换。

（2）出厂验收时，加强 GIS 避雷器内部结构见证、验收把关。必要时，开展避雷器气室的到货抽检。

案例三　内部导体发热

1. 异常概况

10 月 12 日，500kV 某变带电检测过程中发现 1 号主变 35kV 分支母线外壳发热，其 1 号主变 35kV 侧 GIS 筒体整体发热，最高温度为 43.7℃，2 号主变 35kV 分支母线相同位置测温最大温度为 34.8℃。现场跟踪复测、X 射线检测等分析，此次异常发热为内部导体大电流温升导致。

2. 设备信息

组合电器设备型号 ZF7A-126，线路及分支母线额定电流 2000A，进线及母线额定电流 3150A，投运日期 2019 年 6 月。

3. 异常发现过程

运检人员在带电检测过程中发现 1 号主变 35kV 分支母线外壳发热。

4. 现场检查及处置情况

10 月 15 日，500kV 某变 35kV 设备区域进行局部放电带电检测时，发现 1 号主变 35kV 分支母线转角筒体外壳比相邻间隔 GIS 筒体外壳较热。现场测温发现 1 号主变 35kV 侧 GIS 筒体整体发热，最高温度为 43.7℃，2 号主变 35kV 分支母线相同位置测温最高温度为 34.8℃。1、2 号主变发热图谱及位置如图 1-27 所示。

测温时，1 号主变 35kV 侧投 2 台低压电抗器（简称低抗），负荷电流 1900A。2 号主变 35kV 侧投 1 台低抗，负荷电流 972A。

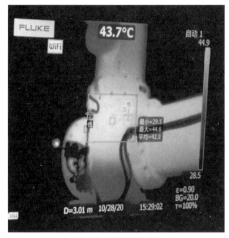
(a) 1号主变发热图谱

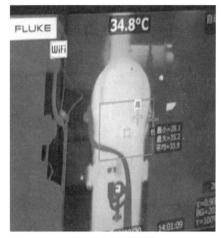
(b) 2号主变发热图谱

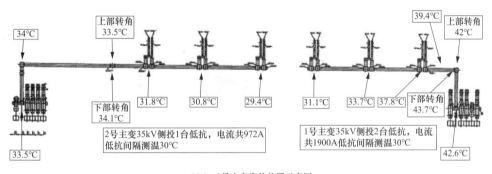
(c) 1、2号主变发热位置示意图

图 1-27 1、2号主变发热图谱及位置示意图

为明确发热异常原因，对运行方式进行调整，将某变 35kV 运行方式改为 2 号主变带 2 台电抗器，1 号主变带 1 台电抗器，并安排人员进行红外测温跟踪和现场检查。

红外跟踪测温发现调整 35kV 运行方式后，1 号主变 35kV 母线筒体最高温度从43.7℃ 降至 36.5℃。2 号主变 35kV 母线筒体同一位置从 34.7℃ 升至 41.4℃。且运行方式调整前后 1、2 号主变 35kV 母线发热部位相似。

对 1、2 号 35kV 母线发热气室开展特高频、超声波、分解物检测，结果均无明显异常。

为进一步明确发热异常原因，连夜安排对主变 35kV 间隔发热较严重气室开展 X 射线检测，重点对盆式绝缘子两侧和转角插接位置进行检测，检查结果如图 1-28 所示。

检测发现 1 号主变和 2 号主变 35kV GIS 接入母线前转角筒体内部导体转角连接位置均存在连接固定螺栓疑似松动异常。

经专家讨论，疑似松动部位为拍摄角度问题，再次组织 X 射线检测，且多角度拍摄，发现疑似松动部位连接情况无明显异常。同时查阅出厂检查卡，该位置共 4 个紧固螺栓（$\phi 12$，40mm），在厂内装配，检查卡上标有每个位置的紧固力矩值，且有自检和抽检。

查阅出厂和交接试验记录，该位置电阻三相平衡。

(a) 1号主变X射线检查结果

(b) 2号主变X射线检查结果

(c) 内部结构

(d) 现场

图 1-28　X射线检查结果

5. 综合分析

结合现场检查及X射线检测，分析其原因为：

（1）GIS设备壳体的温升由两部分组成：一是导体发热经 SF_6 气体后的热传递；二是因壳体上有电流通过而自身发热。现场波纹管为不锈钢材料，其他壳体为铝材料，在通过相同电流时，波纹管的发热会高一些。现场检查所有壳体的温度，两处波纹管温度最高，且靠近波纹管的壳体与其他壳体相比温度也较高一些，现场这一情况与理论分析一致。

（2）根据母线L形拐角处的红外图谱特征，该处筒体最热点不在最上部，不太符合内部接头发热的图谱特征，且母线发热范围较大，分析认为该部位为铸铝壳体，厚度较厚，散热较差。

（3）根据厂内温升试验记录，该设备通流1000A时壳体温升10K左右，2000A时温升为20K左右，对比现场负荷电流，温升差值基本一致。同时根据厂内试验，相同电流下三相共箱产品温升均高于三相分箱产品，主变低压侧靠近主变侧的GIS由三相共箱型分为三相分箱型进入母线，因此靠近此位置的温度较低，现场实际测温情况与理论分析一致。

（4）根据 X 射线初步检查情况，内部螺栓连接情况良好，初步排除内部导体连接松动导致壳体发热。

（5）L 形拐角处温度高是因为该处较厚，散热较慢所致。

综上分析，初步分析筒体异常发热为内部导体大电流温升导致。

6. 后续措施

（1）要求厂家对筒体温度偏高情况开展进一步深入分析，采用软件对温升情况进行仿真分析，明确异常原因和后续整改措施，并提交书面报告。

（2）建议各单位在今后采用 X 射线辅助分析过程中选取不同角度进行拍摄，排除拍摄视觉误差。

四、一次回路故障

案例一 导体装配

1. 异常概况

6 月 3 日 16 时 52 分，500kV 某变 50432 隔离开关对地短路，引发 GIS 设备 Ⅱ 母异常跳闸，跳开 5013、5023、5033 断路器，异常相为 C 相，故障电流 40.2kA。跳闸未造成负荷损失，故障时现场小雨。

故障发生前某变 500kV Ⅰ 母配合基建扩建陪停，500kV Ⅰ 母、3 号主变、5012、5021、5031、5041 断路器处于检修状态，5051、5052、5042、5043 断路器处于基建阶段（检修状态），其余设备处于运行状态，如图 1-29 所示。

2. 设备信息

组合电器设备型号 GSR-500R2B，出厂日期 2010 年 6 月，投运日期 2011 年 6 月。500kV Ⅱ 母间隔设备至今巡视及带电检测均未发现过热、局部放电、漏气等异常。最近一次停电检修时间为 2017 年 5 月，未见异常。最近一次带电检测时间为 2020 年 3 月，试验项目包括特高频、超声波局部放电检测及红外测温，结果均正常。

50432 隔离开关投运以来作预留间隔，长期处于合闸状态，与 Ⅱ 母线及串内母线相连。2020 年 5 月 5043 断路器扩建时 50432 隔离开关由合闸改为分闸状态（分闸时 500kV Ⅱ 母线已停电，施工过程中隔离开关气室降半压但未开盖），扩建后运行状态图如图 1-30 所示。

3. 异常发现过程

500kV 某变间隔扩建结束后复役运行一段时间后，50432 隔离开关对地短路引发 GIS 设备 Ⅱ 母异常跳闸，跳开 5013、5023、5033 断路器。

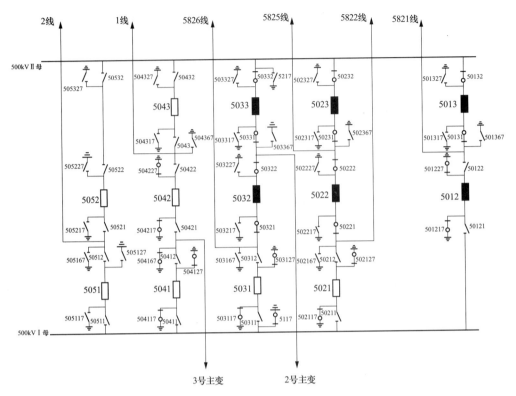

图 1-29　500kV 某变 GIS 设备一次接线图

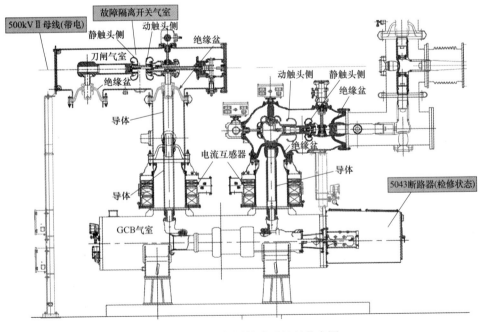

图 1-30　5043 间隔扩建后运行状态图

4. 现场检查及处置情况

现场检查 SF_6 气体分解物测试发现 50432 隔离开关 C 相内部分解物含量超标（SO_2 含量 $65.5\mu L/L$，H_2S 含量 $14.6\mu L/L$，CO 含量 $3\mu L/L$），如图 1-31 所示，其他气室检测无异常。2 号主变油中溶解气体检测结果正常。

返厂解体检查，打开 C 相隔离开关气室手孔检查，内部除大量白色粉末之外还附着有黑色溅射物，如图 1-32 所示，该溅射物呈油脂状，

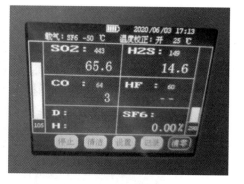

图 1-31 异常气室分解物测试

擦拭后有减少迹象。同时在壳体底部发现一颗直径约 8mm 的圆形黑色颗粒，如图 1-33 所示。

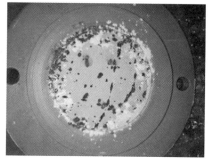

图 1-32 内部白色粉末及黑色溅射物

图 1-33 $\phi8mm$ 圆形黑色颗粒

动触头顶面有明显发黑痕迹，触头侧面有黑色油脂及动触头运动时引发的摩擦纹理。动触头屏蔽罩靠近壳体放电点位置有明显烧蚀痕迹，底部盆子有黑色溅射。拔出动触头后，再次观察静触头，发现现场缺失的部分触指位于卡槽与屏蔽罩之间。空槽周边部分触指虽然位于卡槽，但也已处于松脱状态，背后没有板簧压紧。

进一步拆解后，在静触头屏蔽罩内发现触指 10 个（卡槽上部分已无板簧支撑的触指在拆解时也落入屏蔽罩内），卡槽上剩余 35 个触指，合计 45 个，数量完整。在静触头屏蔽罩内发现板簧 6 片，在触头及壳体内发现板簧 3 片，卡槽上剩余 35 片触指，合计 44 片，数量缺少 1 片。位于卡槽与屏蔽罩之间的触指及散落的触指和板簧如图 1-34 所示。

检查气室未发现板簧的溶解物，排除其融化等情况，推测为装配过程中漏装。

(a) 卡槽与屏蔽罩之间的触指   (b) 散落的触指和板簧

图 1-34　位于卡槽与屏蔽罩之间的触指及散落的触指和板簧

为彻底消除设备隐患，计划整体更换 50432 隔离开关 A、B、C 三相。待备品备件到达现场后，进行更换工作。

5. 综合分析

综合现场开盖检查、厂内拆解检查和检测情况，推测隔离开关气室内部缺失 1 片板簧为装配过程中漏装引起。该隔离开关采用快速弹簧机构，触头高速分合动作，经历工厂及现场的 220 次（机构计数器显示）操作后，未安装板簧的触指受动触头冲击发生偏转运动，导致相邻触指与板簧发生松脱，最终引发整个触指装配局部（10 组）散开。在触指和四周金属部件相互挤压和刮擦过程中产生金属异物、粉尘，并在分闸时从静触头内部脱出；异常发生前 5043 断路器操作振动引起金属异物、粉尘分布变化，引发电场畸变并最终导致放电。

6. 后续措施

（1）对 500kV 某变站内 GIS 设备开展专业特巡与局部放电带电检测，对所有闸刀气室开展分解物检测。

（2）开展 GIS 备品缺口梳理，尤其是厂家设备改型变更尺寸的情况。

（3）要求厂家进一步提高产品质量：①强化装配基础作业训练，提升装配人员装配综合技能；②推行装配配餐制，加强装配零部件数量管理；③完善装配检查确认内容，加强检查卡使用管理，建议对装配工艺卡进行改进，将触指和板簧装配数量检查列为专检内容。

案例二 **合闸电阻**

1. 异常概况

4 月 20 日 16 时 23 分 41 秒，500kV 某变 5879 线、5880 线在线路检修后复役操作过程中，当 5072 断路器从检修改为热备用约 4min 后，5866 线、500kV Ⅱ 母相继动作跳闸，无负荷损失。现场检查确认 5072、5073 断路器 C 相气室分解物异常。

2. 设备信息

HGIS 设备型号 ZF15-550，2014 年 3 月投运。5072 断路器上次检修时间 2021 年 4 月，5073 断路器上次检修时间 2020 年 1 月，检修结果正常。最近一次带电检测时间 2021 年 3 月，试验项目包括特高频、超声波局部放电检测，检测结果无异常。

3. 异常发现过程

2021 年 4 月 20 日 16 时 23 分 41 秒，500kV 某变 5879 线、5880 线在线路检修后复役操作过程中，当 5072 断路器从检修改为热备用约 4min 后，5866 线、500kV Ⅱ母相继动作跳闸。

4. 现场检查及处置情况

现场对相关气室进行 SF_6 气体分解物测试，检测发现 5072 断路器 C 相气室 SO_2 含量为 103.9μL/L、H_2S 含量为 17.1μL/L，5073 断路器 C 相气室 SO_2 含量为 132μL/L、H_2S 含量为 23μL/L、CO 含量为 114μL/L，其他气室分解物检测无异常。初步分析 5072、5073 断路器 C 相内部放电击穿。

4 月 21 日 9 时，完成 5072、5073 断路器 C 相气室气体回收。通过手孔盖开盖检查，发现 5072、5073 断路器 C 相气室分布大量白色粉尘，5072 断路器 C 相靠近Ⅱ母侧的屏蔽罩与外壳之间存在放电痕迹，放电点接近屏蔽罩下方固定螺栓处。5073 断路器 C 相放电位置与 5072 断路器 C 相放电位置接近，但更靠近合闸电阻，同时合闸电阻存在破碎、掉落现象，如图 1-35 所示。放电位置如图 1-36 所示。

图 1-35　合闸电阻破碎、掉落

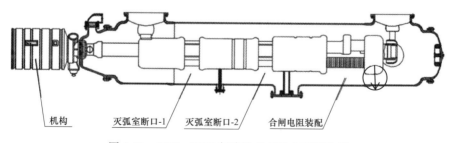

机构　　灭弧室断口-1　灭弧室断口-2　合闸电阻装配

图 1-36　5072、5073 断路器 C 相放电通道位置

返厂解体发现主放电通道与现场开盖检查情况一致，在 5072 断路器 C 相靠近Ⅱ母侧

的屏蔽罩与外壳之间存在放电痕迹，放电通道接近屏蔽罩 6 点钟位置；屏蔽罩被烧蚀出一个直径约 10cm 孔洞，其中一串合闸电阻的连接铜辫被烧断，外壳对应位置也存在烧蚀，如图 1-37 所示。

(a) 屏蔽罩放电痕迹　　　　　　　　　　(b) 连接铜辫

(c) 外壳烧蚀痕迹

图 1-37　5072 断路器 C 相解体情况

5072 断路器 C 相合闸电阻动触头座导向法兰上的聚四氟乙烯导向环破碎、散落，被夹在动触头座与复位弹簧之间，合闸电阻侧主断口喷嘴导向件松脱，如图 1-38 所示。据

图 1-38　5072 断路器 C 相合闸电阻

了解该导向件采用单向螺纹固定，同时观察到螺纹无明显损坏，分析松脱原因为装配时未安装到位。

5073 断路器 C 相靠近 II 母侧的屏蔽罩 6 点钟位置与外壳之间存在放电痕迹，与现场开盖检查情况一致。部分合闸电阻片边缘及中心圆孔存在过热熏黑痕迹，3 片合闸电阻开裂、脱落，5 片绝缘垫破损、变形、脱出，如图 1-39 所示。

图 1-39　5073 断路器 C 相合闸电阻

为确保设备可靠运行，现场更换备品后，各项试验数据合格，耐压试验通过。复役后对设备开展带电检测，超声、特高频局部放电检测及分解物检测均未见异常。

5. 综合分析

5072 断路器 C 相第一次放电原因为合闸电阻动触头座导向法兰聚四氟乙烯导向环装配不到位、破碎，引起导向法兰运动受阻，在多次操作撞击下导向法兰断裂，断裂产生的金属颗粒（主要成分为铝）在屏蔽罩 6 点钟方向引发电场畸变而发生气隙放电。

第一次放电后，气室内部产生大量粉尘，且屏蔽罩 6 点钟位置烧蚀处电场严重畸变，在 5073 断路器跳闸重合后该处再次击穿（10cm 孔洞），电弧沿合闸电阻片间空隙漂移至屏蔽罩 9 点钟方向，引起屏蔽罩和壳体对应部位烧蚀。

5073 断路器 C 相故障原因是合闸电阻片装配不良导致局部开裂（未脱落），当 5073 断路器重合于故障时，开裂的合闸电阻片在短路电流冲击下破碎脱落，脱落的电阻碎片引发电场畸变，屏蔽罩对壳体击穿放电，500kV Ⅱ 母跳闸。

6. 后续措施

（1）对 5072、5073 断路器 C 相合闸电阻动触头座导向法兰、聚四氟乙烯导向环、合闸电阻绝缘垫片等开展材质检测。

（2）鉴于解体检查发现多处装配工艺不良，厂家应排查同组安装工人装配产品，提交同批次隐患设备清单和隐患排查方案，进一步明确隐患整治范围和整改措施。

案例三 导体装配

1. 异常概况

9 月 18 日，220kV 某变某间隔改造后进行冲击试验，现场人员发现 GIS 间隔有异响，申请某开关及线路检修，对异响情况进行检查。解体检查发现，压变导体与原四通导体连接处缺少触头弹簧（压变为新设备，四通为原有旧设备），导致导体间接触不良并造成放电，产生异响。

2. 设备信息

组合电器设备型号 ZF16-252GCB，设备出厂日期 2021 年 4 月。

3. 异常发现过程

9 月 18 日，220kV 某变某间隔改造后进行冲击试验，现场人员发现 GIS 间隔有异响。

4. 现场检查及处置情况

现场对所有气室进行气体分解物分析，发现 A 相线路压变气室有二氧化硫、氧化氢气体，由此判断此气室内有放电现象。

回收 SF_6 气体后，进行了内窥镜检查，未发现明显放电痕迹。对 A 相压变进行拆除，发现压变导体与静触头连接处有放电痕迹，经厂家技术部门分析，判定压变导体与原四通导体连接处缺少触头弹簧，如图 1-40 所示，导致导体间接触不良并造成放电，产生异响。

导体有放电痕迹

此处缺少触头弹簧

图 1-40 导体与静触头连接处

5．综合分析

GIS 安装过程中，施工单位负责设备吊装，GIS 厂家负责对接面清理及导体对接工作。线路压变改造，需增加 TV 导体并与旧四通导体进行连接，连接处旧四通导体凹槽内本应有触头弹簧，而在进行 GIS 导体连接过程中，厂家未能发现弹簧缺失，随后便进行了导体连接。

TV 安装完成后，进行老练耐压试验，试验数据正确，过程中，试验人员未发现气室异常声音。

6．后续措施

（1）要求厂家提供该批次供货清单，排查同批次设备是否存在相同结构的连接方式及弹簧缺失，及时消除隐患，避免事故再次发生。

（2）对同期投产的线路间隔加强特巡和局部放电跟踪检测，投运一周内开展特高频及超声波局部放电检测，重点关注设备运行情况。

（3）加强主设备全过程监督见证，督促厂家落实关键工艺管控及设备质量提升，严把新设备入网关口，确保新设备零缺陷隐患投产。

五、二次回路故障

案例一　继电器

1．异常概况

1 月 22 日，220kV 某变 110kV 线路改开关及线路检修状态时，现场操作人员对某线路闸刀进行就地分闸操作时，发现闸刀机构无法动作，随后检查发现闸刀电机电源空气开关（简称空开）未跳开，将该空开拉开后再合上，仍无法就地分闸。

2．设备信息

组合电器设备型号 ZF12-126（L）型，2012 年 10 月投产。

3．异常发现过程

110kV 某线路改开关及线路检修状态时，现场操作人员对某线路闸刀进行就地分闸操作时，发现闸刀机构无法动作。

4．现场检查及处置情况

现场检查各元器件，首先对闸刀的电机电源空开进行测量，其电压值正常，排除空开损坏的可能。随后用万用表的电阻档测量闸刀电机两端的电阻，约 15Ω（电机电阻本应较大，因其两端并联了分流保护电阻，故所测电阻值较小，属正常结果），表明电机良好，其内部没有烧坏。

检查该线路间隔智能汇控柜内部回路（见图 1-41），发现进行就地合闸操作时，间隔闸刀机构操作缓冲继电器 KTS 上红灯亮，将接点断开，使控制回路断线，无法分闸。

KTS 继电器旁边的间隔闸刀电机交流电源遥控分合继电器 KC1 黑色的接触器舌片弹出，继电器内部舌头打下，正是此继电器将电机电源回路断开，导致 KTS 延时动作，断开控制回路。

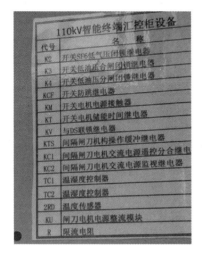 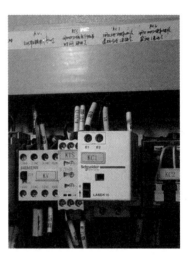

图 1-41 现场继电器布置图

通过图纸（见图 1-42）分析得知，当现场操作人员将远方就地切换把手切换至"就地"时，继电器 KC1 本应吸合，可是因为机械上的卡顿其吸合不成功，进而导致电机电源回路断线，无法完成就地分闸操作。

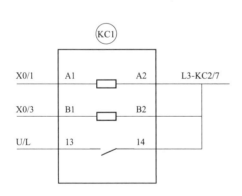

图 1-42 KC1 继电器端子排图及接线示意图

通过现场排查，KC1 继电器接触器存在缺陷，导致闸刀无法合闸，更换继电器后，故障消除。

5. 综合分析

经现场检查分析，造成本次机构无法分闸的原因为：KC1 继电器接触器存在缺陷，其舌片卡住后，图 1-42 中的 13、14 接点断开，该接点串联在闸刀电机电源回路中，导致电机电源回路无法接通，闸刀无法就地操作。将 KC1 继电器接触器卡住的舌片手动顶入，即可就地分合闸。

6. 后续措施

（1）及时做好设备隐患的登记、梳理和整改工作。对于运行工况不良的继电器、接触器提早进行更换。

（2）加强日常巡视，及时发现异常隐患。

案例二 防跳继电器

1. 异常概况

4 月 5 日，220kV 某变 1788 间隔在设备改运行合上开关的操作步骤中，开关短时间内经历了"合—分—合—分"四次动作。检修人员立即对设备进行检查，发现两次跳闸均为线路保护距离Ⅱ段动作跳开，同时线路巡视已发现故障接地点，故初步判断为设备防跳功能未正常启动，造成开关弹跳，加重线路故障。

2. 设备信息

组合电器设备型号为 ZF23-126，断路器机构为液压弹簧机构。

3. 异常发现过程

1788 间隔在设备改运行合上开关的操作步骤中，开关短时间内经历了"合—分—合—分"四次动作。

4. 现场检查及处置情况

现场确认该设备就地和远方状态下均采用机构就地防跳，均不采用二次防跳。对 1788 开关进行防跳功能验证（开关防跳回路见图 1-43），发现该断路器辅助开关 QF 与防跳继电器 KCF 动作时间配合不好，在 QF 动合接点 07-08 接通时间内 KCF 无法完成自保持接点 13-14 的动作，使得防跳继电器无法自保持从而在合闸命令持续时间内开关再次合闸，在保护动作分闸后由于液压压力闭锁合闸而停止弹跳（现场询问二次厂家，后台操作合上开关输出脉冲为 500ms）。

现场联系厂家，确认整改方案是将辅助开关 QF 与防跳继电器 KCF 均更换为快速动作设备，如图 1-44、

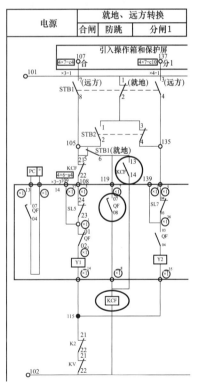

图 1-43 开关防跳回路

图 1-45 所示。新辅助开关 QF 中第一对动合接点为快速动作型，其余为普通型。更换完毕后测试防跳功能正常，时间配合良好。

图 1-44 旧（左）、新（右）辅助开关

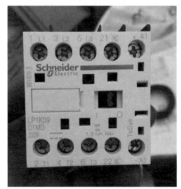

图 1-45 旧（左）、新（右）防跳继电器 KCF

5. 综合分析

根据现场检查及处置情况，本次故障的原因为防跳继电器无法自保持从而在合闸命令持续时间内开关再次合闸。

6. 后续措施

结合停电机会对该变电站有同型号设备进行防跳回路检查，对时间配合不满足要求的间隔进行改造，及时更换辅助开关 QF 与防跳继电器 KCF，确保断路器防跳功能正常。

案例三 接线端子松动

1. 异常概况

4 月 21 日，运行人员在操作过程中发现 110kV 某变某线路闸刀电动无法分闸。经现场排查，确认为二次接线端子松动造成控制回路短路。

2. 设备信息

组合电器设备型号 ZF23-126，出厂日期 2008 年 4 月 1 日，投运日期 2009 年 10 月 15 日。

3. 异常发现过程

运行人员在操作过程中发现某线路闸刀无法电动分闸。

4. 现场检查及处置情况

现场检查发现闸刀处于合位，电动分闸无反应。拆开某线路闸刀机构箱面板时，闸刀自动分闸。

通过图纸量取电压发现控制回路均正常（控制回路接线见图1-46），电机回路中XT2的6号端子存在问题。用手拉扯接线发现该端子导线可直接拉出，经过紧固后恢复正常。随后将机构箱内的其他端子均进行了紧固。

 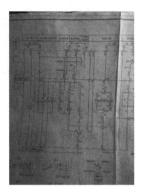

图 1-46 控制回路接线图

5. 综合分析

根据现场检查，本次故障原因为接线端子排松动，造成控制回路短路。

6. 后续措施

在设备投产验收、C级检修、维护过程中，需加强机构箱、汇控柜内端子排的紧固工作。

对类似隐患进行排查，并做好隐患设备倒闸操作前后风险预控。

六、绝缘件故障

案例一 盆式绝缘子闪络

1. 异常概况

6月10日，220kV某变在对A相进行试验过程中，220kV正母A相发生击穿。现场根据定位装置初步进行了故障定位，对于异常信号最为明显的气室打开确认，发现220kV正母压变闸刀A相与正面的隔盆沿面放电。

2. 设备信息

组合电器设备型号ZF19-252，投运日期2015年12月。

3. 异常发现过程

220kV某变在进行试验过程中，220kV正母A相发生击穿。

4. 现场检查及处置情况

据现场定位装置数据，打开220kV正母接地闸刀A相气室发现220kV正母压变闸刀 A 相气室与母线气室之间的隔盆上部有明显的放电痕迹，如图 1-47 所示。

图 1-47 气室内部状况

拆除 220kV 正母压变闸刀 A 相气室后，发现底部隔盆上有明显放电痕迹，盆子边缘有部分金属碎屑，如图 1-48 所示。进一步检查发现绝缘盆上方正好为 220kV 正母接地闸刀，该闸刀机构为快速机构且正母接地闸刀水平布置，金属碎屑及放电部位和闸刀动作方向一致。

图 1-48 盆式绝缘子放电痕迹

检查闸刀动、静触头，发现闸刀动触头外观正常，未见明显磨损痕迹，静触头内部接触部位镀银层表面不光滑且颜色分布不均匀（见图 1-49），初步怀疑存在磨损情况，且与金属碎屑外观材质相仿。

图 1-49 静触头内部接触部位镀银层表面

发现该问题后同时对结构相同的正母接地闸刀 B、C 相开盖检查，发现 C 相绝缘盆外部边缘也存在杂质，杂质掉落方向与 A 相闸刀相似，如图 1-50 所示。

发现问题后更换了放电的绝缘盆，同时对 A 相闸刀静触头镀银层进行打磨清理，同时对正母接地闸刀 B、C 相内盆子进行了清理。

5. 综合分析

通过解体检查，分析判断本次故障原因为：绝缘盆及接地闸刀设计不合理，绝缘盆本应避免水平布置，又在水平布置绝缘盆上部设计水平动作的快速动作闸刀，闸刀分合的金属碎屑极易造成绝缘故障。其次闸刀静触头镀银工艺不良，存在分层及脱落的情况。闸刀出厂时是否分合磨合到达 200 次存疑。

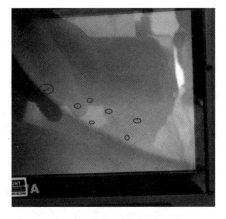

图 1-50　C 相绝缘盆外部边缘也存在杂质

6. 后续措施

（1）防止类似情况发生，应采取措施在问题未彻底处理前，暂停同类机构分合闸操作。

（2）约谈该设备厂家，要求其提供静触头镀银脱落原因分析及整改方案。后续对问题静触头进行更换，对可能存在的金属碎屑进行清理。

（3）为避免动作产生的金属屑造成 GIS 放电，要求新设备断路器、隔离/接地开关等运动部件气室的盆子不应水平布置，对在运设备进行排查，梳理问题清单进行管控，每年 GIS 带电检测重点关注水平布置绝缘盆。

案例二　吸附剂罩脱落

1. 异常概况

7 月 23 日，220kV 某变某线保护动作，开关跳闸，下级变电站 BZT 正确动作。跳闸时，某变 110kV Ⅰ、Ⅱ段母线处于并列运行状态，110kV 母分开关为合位，某线接入 110kV Ⅰ段母线上运行，某线路为纯电缆线路。

查询发现 220kV 某变某线路跳闸，故障录波器显示 A、B、C 三相接地故障，测距为 0.1km。流经某线路的故障电流为 13.27kA，流经 1、2 号主变 110kV 侧的故障电流分别为 9.38kA、6.88kA。户外天气：晴天。

2. 设备信息

组合电器设备型号 ZF7A-126，出厂时间 2009 年 1 月，投运时间 2011 年 9 月。额定电压为 126kV，其中线路闸刀型号为 GWG1-126U，额定电流为 2000A，额定压力为 0.4MPa。投运后，未出现异常。

3. 异常发现过程

220kV某变某线保护动作，开关跳闸，下级变电站BZT正确动作。

4. 现场检查及处置情况

现场检查间隔各筒体表面，未发现有故障或过热痕迹；各气室压力均正常；各开关、闸刀及线路接地闸刀机械位置及电气指示均正常；检查线路避雷器等气室防爆膜，未发现有破裂或损坏痕迹。

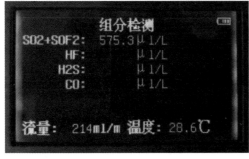

图 1-51 线路闸刀气室分解物结果

对各气室分解物进行测试，其中某电缆气室、某线路压变气室、某开关气室、某母线闸刀气室分解物测试结果正常，某线路闸刀气室分解物严重超标（575.3μL/L），如图 1-51 所示，初步判断故障点在某线路闸刀气室。

拆开线路闸刀筒体上方盖板，发现线路闸刀筒体 3 上方吸附剂 2 的塑料罩（见图 1-52）掉落在 B、C 相导电杆上，该线路闸刀筒体 3 内部有大量粉尘；线路避雷器上方盆子、导电杆和线路闸刀筒体 3 内部存在大量的放电、灼烧痕迹。掉落的吸附剂 2 盆子及内部粉尘如图 1-53 所示。

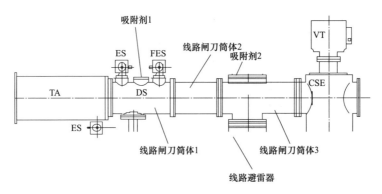

图 1-52 线路闸刀筒体结构图

拆开该线路闸刀筒体 1，发现吸附剂 1 同样是塑料材质的罩子，且已经出现碎裂现象，如果继续使用，有极大概率会掉落，引起短路故障。打开电缆筒体，发现电缆筒体内吸附剂和吸附剂罩子同样已经掉落在电缆绝缘外套上，由于其掉落轨迹未经过电缆导体，且最终落至电缆绝缘位置，所以未在此处发生故障（或者是其运行中未掉落，停电后由电缆人员拆开检修孔时震落），如图 1-54 所示。

将线路闸刀筒体拆开后，拆下导电杆，发现导电杆上有明显的放电灼烧的痕迹。线路闸刀筒体 3 内部有 5 个明显灼烧点，与线路避雷器筒体连接的盆子上存在大量放电痕迹，这与吸附剂 2 罩子掉落的轨迹符合，如图 1-55 所示。

图 1-53　掉落的吸附剂 2 盆子及内部粉尘

图 1-54　吸附剂 1 及其外罩、电缆筒体内吸附剂罩掉落

5. 综合分析

根据现场故障和筒体拆解情况，可以判断此次故障的主要原因为：

（1）某线路闸刀气室吸附剂塑料罩在应力、高压、强电场、SF_6 分解物的长期作用下，发生交联老化，塑料变脆、碎裂。

（2）某线路导电杆 B、C 相正好处于塑料罩碎裂掉落的轨迹上，罩子在下落过程中接触 B、C 相导电杆，形成 B、C 相间短路放电，产生金属粉尘，降低筒体内绝缘强度，在导体与筒体壁之间形成电流通路，最终导致三相短路。

6. 后续措施

（1）建议向各 GIS 设备厂家发函，询问统计采用塑料材质吸附剂罩的 GIS 设备，形成隐患清单，同时要求厂家按照清单立即准备物资。

（2）对同批次设备，安排 X 射线检测方式进行吸附剂罩材质检查，将检查结果形成隐患清单。

（3）对于有隐患的设备，加紧安排停电计划，将所有塑料材质吸附剂罩更换为金属材质吸附剂罩。

(a) 导杆放电痕迹

(b) 与导杆壳体放电痕迹

(c) 绝缘盆放电痕迹

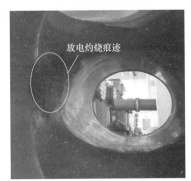
(d) 筒体放电痕迹

图 1-55　导电杆、绝缘盆、筒体上的放电灼烧痕迹

（4）要求各厂家的 GIS 设备必须采用金属材质吸附剂罩。

（5）将金属材质的吸附剂罩列入周期管控，制定巡视检测周期，安排不停电检测计划。

案例三　传动机构绝缘子悬浮放电

1. 异常概况

3 月 9 日，220kV 某变运行巡视时，发现某母线闸刀气室有异常声音，经各类带电检测手段确认为内部悬浮放电缺陷。3 月 12～19 日，公司安排停电检查处理，发现某母线闸刀悬浮放电的原因为 A、C 相传动轴四方接头与传动绝缘子轴孔之间间隙过大且未安装等电位弹簧。

2. 设备信息

组合电器设备型号 ZF29-126，出厂时间 2015 年 5 月，投运时间 2015 年 12 月。最近一次带电检测时间为 2021 年 6 月 10 日。均未发现异常。

3. 异常发现过程

3 月 9 日，运维人员巡视发现某变某母线闸刀气室有异常放电声音。

4. 现场检查及处置情况

现场带电进行红外成像、SF_6 湿度及分解物、超声波、特高频局部放电及声纹成像等带电检测工作，检测发现特高频、超声波均有典型悬浮放电特征。超声波信号在某间隔筒体周围，信号最大处位于某母线闸刀气室中间偏上处，如图 1-56 所示。

(a) 信号定位示意图

(b) 现场距离测量

图 1-56　超声波、特高频定位示意图

现场停电解体检查，发现某母线地刀三工位闸刀内部，A、C 相之间传动绝缘子上附有局部放电后产生的粉末状分解物，放电位于传动绝缘子与动触头座间隙处，靠近 C 相侧，如图 1-57 所示。

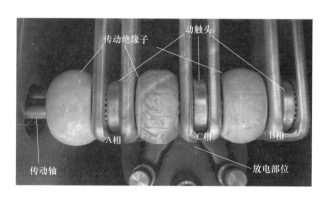

图 1-57　放电部位显示图

拆出整组闸刀，发现 A、C 相绝缘子较其他相有明显松动。转动传动轴时，由于间隙间的松动，导致闸刀有明显不同期情况，即 A 相转动一定角度后 C、B 相闸刀才动作。进一步拆解闸刀传动部位后，检查发现 A、C 相绝缘子靠 C 相连接部位放电分解物堆积，并有轻微放电痕迹（见图 1-58），其他位置正常。

测量绝缘子金属嵌件及闸刀传动轴尺寸，发现相比本组闸刀其他正常相尺寸，本相尺寸异常。放电处闸刀传动轴尺寸 24.5mm，正常尺寸 25mm，偏小 0.5mm，放电处绝

图 1-58　拆解放电部位情况及正常传动轴

缘子金属嵌件尺寸 25.4mm，正常尺寸 25mm，偏大 0.4mm。同时发现有明显二次加工痕迹。

在闸刀拆解过程中，发现整组闸刀均未安装等电位弹簧。厂家反馈 2015 年前产品传动轴与绝缘子金属嵌件凹槽之间均未安装等电位弹簧，后续产品已加装等电位弹簧。

5．综合分析

通过现场解体分析，造成异常放电的原因是：①三工位隔离开关传动轴四方接头尺寸偏小，传动绝缘子轴孔尺寸偏大，组装后传动轴四方接头与传动绝缘子轴孔之间间隙过大；②传动轴与绝缘子金属嵌件凹槽之间未安装等电位弹簧。闸刀传动轴处于高电位，由于传动轴四方接头与传动绝缘子轴孔之间间隙过大，中间又未安装等电位弹簧，使得闸刀传动轴与传动绝缘子金属嵌件之间无法形成稳固的等电位，长期运行后形成悬浮放电缺陷。

6．后续措施

（1）加快隐患检测排查。初步排查梳理悬浮放电同类型隐患。

（2）组织省电科院梳理典型接触不良而造成悬浮放电隐患案例。

（3）对户外运行的 GIS 设备，逐步组织加装防护棚，进一步改善 GIS 设备运行环境，提升设备本质安全水平。

七、密封部件故障

案例一　密封圈

1．异常概况

12 月 21 日，220kV 某变 1 号主变 220kV 其他气室压力低告警，运维人员就地检查 1 号主变 220kV 副母闸刀气室压力 0.36MPa，报警压力为 0.35MPa，额定压力为 0.40MPa，该间隔其他气室压力正常，12 月 9 日记录压力数值为 0.42MPa。

2．设备信息

组合电器设备型号 ZF16-252，2010 年 12 月投运，上次检修时间 2016 年 2 月。

3. 异常发现过程

220kV某变1号主变220kV其他气室压力低告警，运维人员就地检查1号主变220kV副母闸刀气室压力0.36MPa，接近于报警压力。

4. 现场检查及处置情况

检修人员对该气室进行补气、检漏，补气至0.42MPa，检漏发现为A、B相副母闸刀气室连接气管接头（靠近A相侧）漏气，如图1-59所示。为防止气压进一步下降，当日采取对接头进行紧固的临时措施，漏气现象明显减弱。12月23日，密封圈备品到货后进行不停电更换接头密封圈，更换后经多次检漏，未发现漏气现象。

图1-59　漏气点示意图

5. 综合分析

更换密封圈过程中发现旧密封圈有四分之一圈未入槽，并有明显压痕，判断漏气原因为：接头密封圈安装质量管控不到位，密封圈未全部落槽，运行一段时间后，密封圈渐渐失去原有弹性，再加之近期气温低导致密封圈收缩，最终造成接头密封不严而漏气。

6. 后续措施

（1）要求设备厂家加强安装阶段质量工艺管控，特别是类似隐蔽环节。

（2）开展GIS安装阶段关键节点的监督检查，提前发现问题隐患。

（3）要求各单位在气温骤降时应加强巡视，做好气室压力的抄录比对，发现压力偏低及时安排补气、检漏，防止发生类似的漏气告警现象。

案例二　传动轴

1. 异常概况

1月7日，220kV某变某线路闸刀气室SF_6气压低，对气室进行补气，检漏发现线路闸刀操作连杆与本体间的A相轴封处漏气，微水测试正常。1月23日某变某线改检修，更换线路闸刀三相齿轮箱，1月25日更换完毕后复役。对更换下来的A相齿轮箱

（漏气相）进行解体，发现漏气部位轴封密封圈老化严重，连轴锈蚀严重，进一步检查发现轴封盖板上原设计两道密封圈未安装，检查另外两相未漏气齿轮箱轴封盖板也未安装密封圈，其他两相密封圈及连轴也有少量锈蚀情况。初步分析漏气原因为轴封盖板两道密封未装，导致水气进入锈蚀连轴和轴封，最终导致密封失效。

2．设备信息

组合电器设备型号 ZF11-252（L），投运日期 2009 年 12 月。上一次检修时间 2018 年 10 月。

3．异常发现过程

线路闸刀气室 SF$_6$ 气压低，对气室进行补气，检漏发现线路闸刀操作连杆与本体间的 A 相轴封处漏气，微水测试正常。

4．现场检查及处置情况

1 月 23～25 日结合停电更换了该间隔 A、B、C 三相线性隔离开关（线路闸刀）齿轮箱（见图 1-60），并调整线性隔离开关，1 月 25 日各项测试合格后间隔恢复运行。

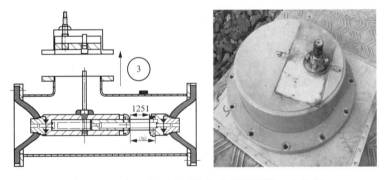

图 1-60　三相线性隔离开关齿轮箱断面图、实物图

随后对拆下的三相线路闸刀齿轮箱进行解体，发现 A 相齿轮箱漏气部位轴封密封圈老化严重，传动轴取出时轴封已破损严重，传动轴锈蚀严重，如图 1-61 所示。

进一步检查锈蚀原因，发现齿轮箱上的传动轴密封盖板设计有两道凹槽安装密封圈，实际拆除后发现两道密封圈均未安装，如图 1-62 所示。

同时对 B、C 相的齿轮箱进行解体，发现相应的密封圈均未安装，传动轴锈蚀情况相对较好，如图 1-63 所示。

5．综合分析

通过更换下来的三相齿轮箱解体情况分析，发现漏气部位轴封密封圈老化严重，传动轴锈蚀严重，同时发现轴封盖板上原设计两道密封圈未安装；另外两相未漏气齿轮箱轴封盖板也未安装密封圈，其两相密封圈及连轴也有少量锈蚀情况。因此判断漏气原因为轴封盖板两道密封圈未装，导致水气进入锈蚀连轴和轴封，最终导致密封失效。

图 1-61　A 相齿轮箱传动轴锈蚀、轴封老化破损

图 1-62　齿轮箱传动轴盖板密封圈未装

(a) B、C 相齿轮箱对应的盖板也未安装密封圈

图 1-63　B、C 相传动轴解体情况（一）

(b) B、C 相传动轴锈蚀情况

图 1-63　B、C 相传动轴解体情况（二）

另因闸刀传动连杆均有防雨罩遮挡，一定程度缓解了进水受潮情况，但如风雨较大时，水气还是有较大可能进入造成锈蚀、漏气的问题。因齿轮箱盖板拆除需要回收气体，无法对本站其他闸刀对应的位置进行检查。

6. 后续措施

（1）加强某变各闸刀气室气压跟踪巡视，如发现问题及时检查相应位置有无漏气情况。

（2）结合停电对未加装密封圈的刀闸轴承加装密封圈。

（3）要求厂家加强厂内装配管理，如有条件对相应位置进行抽检，在出厂前发现并解决设备隐患，使电网设备能够安全稳定运行。

案例三　接地法兰

1. 异常概况

2021 年 1 月 23 日，监控后台报"220kV 某变 1 号主变 220kV 开关其他气室 SF_6 压力低告警"，现场检查发现 1 号主变 220kV 开关主变侧接地闸刀气室接地法兰处存在裂纹，漏气严重。接地法兰嵌件采用 2 系铝材料，耐腐蚀性较差，现场更换为 6 系铝材料，并涂覆防水胶，保护绝缘法兰与嵌件导体接缝处，避免中心嵌件铝金属腐蚀膨胀的产生。

2. 设备信息

组合电器设备型号 ZF9-252，生产日期 2015 年 8 月 14 日，投运时间 2016 年 3 月 30 日，上次检修时间 2017 年 1 月 3 日。

3. 异常发现过程

监控后台报"220kV 某变 1 号主变 220kV 开关其他气室 SF_6 压力低告警"，现场检查发现 1 号主变 220kV 开关主变侧接地闸刀气室接地法兰处存在裂纹，漏气严重。

4.现场检查及处置情况

对故障绝缘法兰进行仔细观察，可见嵌件与绝缘接触部位（大气侧）原涂覆导电橡胶处、嵌件表面氧化严重锈蚀，如图1-64所示。

铝制嵌件与绝缘法兰对接位置
存在严重锈蚀情况

图1-64　嵌件表面情况

核对厂家图纸（见图1-65），发现绝缘端子中心嵌件材料使用的是2系铝材料。2系铝为铝铜合金，耐腐蚀性较差，暴露在大气中的部分容易发生腐蚀。

产品型号/Product Type:	GIS022D	
图样代号/Drawing Code:	8KA.087.1015	
图样名称: Drawing Name:	嵌件，Inserts	
材料: Material:	80铝棒6A02-T6,	80Aluminium bar2A14-T6

图1-65　厂家图纸

根据厂家对该型号的绝缘法兰进行1000h盐雾试验，对比发现：各绝缘法兰都有不同程度的腐蚀，均未出现开裂现象，未涂敷防水胶的样品与涂敷防水胶样品相比，靠外力破坏绝缘材料较易剥落。观察外力破坏样品金属嵌件内部腐蚀情况（见图1-66），以及金属嵌件与绝缘浇注材料结合情况，可以看出，未涂敷防水胶样品锈蚀已经进入内部较深处，涂敷防水胶样品锈蚀较浅。

图1-66　金属嵌件腐蚀情况

经过试验验证，可得出以下结论：盐雾环境对绝缘端子金属嵌件的腐蚀效果明显，而涂敷防水胶能很好地防止腐蚀。可以在装配接地线完毕后，在绝缘端子金属嵌件外漏部分完整涂敷防水密封胶进行保护，从根本上防止绝缘法兰金属嵌件被腐蚀开裂。

现场更换绝缘法兰时，发现厂家提供的新的配件与原法兰存在差别（见图 1-67），主要是中心嵌件比原法兰高出 1cm 左右。此绝缘法兰中心嵌件材料改为 6 系铝材料，且中心嵌件与绝缘端子高差增加至 10mm，从工艺上保证更好地涂覆防水胶，保护绝缘法兰与嵌件导体接缝处，避免中心嵌件铝金属腐蚀膨胀的产生。

产品型号/Product Type:	GIS022D
图样代号/Drawing Code:	8KA.087.1015
图样名称： Drawing Name:	嵌件，Inserts
材料： Material:	80铝棒6A02-T6,　　80Aluminium bar6A02-T6

(a) 新绝缘法兰参数

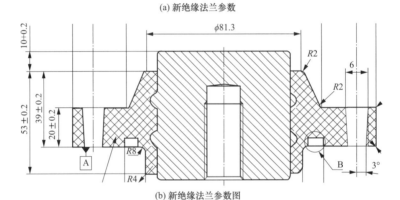

(b) 新绝缘法兰参数图

(c) 新、旧绝缘法兰

图 1-67　绝缘法兰

5. 综合分析

根据试验结果，并结合现场运行、检修经验分析，开裂的原因为：由于中心嵌件使用的是 2 系铝材料，加之绝缘端子中心嵌件与绝缘件连接部位（大气侧）未涂覆防水胶，绝缘端子在运行多年后，金属嵌件被大气中水分和雨水长期浸蚀，中心腐蚀会引起腐蚀产物分层并向外膨胀。绝缘端子受到中心嵌件铝金属腐蚀膨胀产生的压力作用，使得绝缘端子外侧孔口位置受应力产生裂纹，裂纹向内部扩展，最后引起漏气事件发生。

6. 后续措施

（1）对于现有不能及时更换的绝缘法兰，在天气持续晴好情况下，使用热风枪对绝缘法兰进行驱潮、干燥，确保绝缘法兰与嵌件导体接缝处干燥情况下涂覆防水胶。

（2）根据试验结果，结合现场设备运行经验分析，使用这种结构的三工位隔离开关的接地绝缘端子大概在户外运行 5 年后，绝缘端子会出现开裂的风险。使用此类结构三工位隔离开关的户外变电站，应结合停电计划对绝缘法兰进行更换，并在绝缘法兰与嵌件导体接缝处涂覆防水胶，防水胶可有效防止水分对接缝处的侵蚀，确保不再出现绝缘法兰开裂事件。

八、出线套管故障

案例一 瓷套破裂

1. 异常概况

6 月 24 日，220kV 某变 1 号主变两套保护动作，跳开主变三侧开关，10kV 备用电源自动投入装置（简称备自投）动作，合上 10kV Ⅰ-Ⅱ段母分开关，无负荷损失。现场检查发现出线套管破裂，破裂面存在修补现象。

2. 设备信息

组合电器设备型号 ZF16-252，投运时间 2021 年 3 月 31 日，出厂日期 2020 年 10 月 8 日。投运后首次带电检测、首次 SF_6 气体微水、分解产物检测，检测结果无异常。瓷套生产厂家某公司，瓷套为湿法成型，出厂时间为 2020 年 11 月。

3. 异常发现过程

6 月 24 日，220kV 某变 1 号主变两套保护动作，跳开主变三侧开关，10kV 备自投动作，合上 10kV Ⅰ-Ⅱ段母分开关，无负荷损失。

4. 现场检查及处置情况

现场检查发现 1 号主变 220kV GIS 出线套管破裂，1 号主变闸刀气室 SF_6 气压降为 0，瓷套碎片散落在四周较大范围，碎片中发现有瓷套主变部分存在打磨后修补痕迹、修补深度达 2cm，如图 1-68 所示。

开展 1、2 号主变油样及相邻气室分解物气体试验，试验结果正常；其余运行套管的红外、紫外及光学成像测试工作，检测结果正常。

所需套管及其他备品运抵现场，立马开展吊装工作，现已完成故障相套管更换并开始抽真空工作，其余两相套管更换工作。

图 1-68　出线套管现场情况及破裂情况

5. 综合分析

根据现场检查情况，故障原因为：1号主变220kV GIS出线套管存在瓷套在生产过程中主体出现裂纹，生产厂家对裂纹进行打磨、修补处理，修补深度接近瓷壁厚度的40%。不符合GB/T 772—2005《高压绝缘子瓷件 技术条件》中关于"承压瓷套不允许对主体进行修补"的要求。同时不符合GB/T 23752—2009《额定电压高于1000V的电器设备用承压和非承压空心瓷和玻璃绝缘子》中7.1.3关于壁厚允许偏差中规定：对于壁厚30mm～40mm套管，允许偏差—4.5mm。

该瓷套裂纹缺陷在运输、安装及运行过程中逐步发展，导致瓷套破裂、漏气，并造成绝缘水平下降，最终引发放电闪络。

6. 后续措施

（1）其余间隔设备受损情况同步开展详细检查工作，并更换同一批次的所有套管，防止再次发生事故。

（2）严格要求套管厂家加强质量管理，确保生产过程严格遵循技术标准，杜绝隐患设备出厂。

案例二 出线套管放电

1. 异常概况

2月19日，远方操作220kV某变某线开关后，某线第一、二套主保护、接地距离Ⅰ段动作，三相跳闸，故障相别C相。故障前，某两侧热备用。异常发生时站内无工作，现场天气小雨。本次故障无负荷损失，未造成电网风险。经检查，某变某线C相套管气室SF₆分解物异常超标。返厂解体发现内部因异物放电击穿。2月25日完成故障设备修复工作。

2. 设备信息

组合电器设备型号ZF16-252，投运日期2021年3月。某间隔最近一次检修日期2023年12月（首检），检修试验数据（回路电阻、分解物、微水）均合格，未发现异常。最近带电检测（特高频和超声波局部放电）时间2023年7月，结果均正常。

3. 异常发现过程

2月19日，远方操作220kV某变某线开关后，某第一、二套主保护、接地距离Ⅰ段动作，三相跳闸，故障相别C相。

4. 现场检查及处置情况

现场检查某线三相出线套管气室外观正常，套管、绝缘盆、筒体、跨接排及接地排等均无异常。出现套管气压0.44MPa，与历史抄表数值相同。筒体红外精准测温未发现温度异常。

对SF₆组分进行检测分析，发现某线C相套管气室SO₂含量2015.0μL/L（见图1-69）；因三相通过气体管路联通，B相套管气室SO₂含量45.7μL/L，A相套管气室SO₂含量35.8μL/L。其他气室组分分析结果均正常。

图1-69 某线三相套管气室SO₂异常

现场打开某线C相套管气室手孔盖板，气室内部有大量SF₆分解产物堆积，内窥镜检查发现，靠近线路闸刀侧通盆附近有明显放电痕迹，静触头屏蔽罩上有熔融物，如图1-70所示。

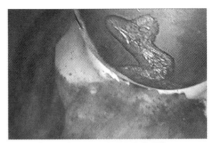

(a) 靠近线路闸刀侧通盆附近放电痕迹

(b) 静触头屏蔽罩上的熔融物

图 1-70　靠近线路闸刀侧通盆附近放电痕迹及熔融物

返厂解体打开故障设备，如图 1-71 所示，发现壳体、绝缘子、导体表面存在大量白色粉末，绝缘子 1（隔盆）、绝缘子 2（通盆）表面被熏黑，壳体、导体、触头座、屏蔽环有放电烧蚀痕迹。

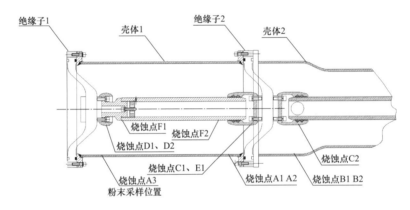

图 1-71　拆解情况图

壳体 1、壳体 2 内表面存在大面积熏黑现象，有局部喷溅形发黑痕迹，如图 1-72 所示。壳体内粉末成分分析，检测结果显示主要为 F、Al、C、Mg、S、Fe、Cr 等元素，未见其他异常元素。绝缘子 1 凸面侧被熏黑，擦拭后未见明显放电贯穿痕迹。屏蔽环处存在放电烧蚀的麻坑，导体表面存在大片烧蚀痕迹。通孔绝缘子 2 两侧都有大面积熏黑现象，擦拭后未见明显放电贯穿痕迹。凹面侧靠近中心嵌件处有碳化迹象，触头座一面烧蚀严重，底部出现较大熔融凹坑 C1。凸面侧触头座有明显烧蚀的凹坑 C2。对绝缘子 1、绝缘子 2 进行 X 射线探伤检测，未发现有异常现象。

导电杆一侧（对应壳体放电位置）布满了放电烧蚀的麻坑，首尾两侧 F1、F2 区域烧蚀最为严重，如图 1-73 所示。由此表明放电发生后，电弧沿导电杆移动，将导体及壳体表面灼伤。

5. 综合分析

结合现场检查及厂内解体分析，本次故障的原因为厂内装配环节存在金属异物残留，在合闸操作振动、过电压等影响下，最终导致接地开关侧隔盆凸面屏蔽罩对壳体放电。

由于隔盆侧密封，气流向中间绝缘子方向吹动，导致电弧沿导体逐步移动至中间通盆触头座与壳体之间。

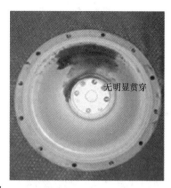

(a) 绝缘子1

(b) 绝缘子2

图 1-72 绝缘子 1、绝缘子 2

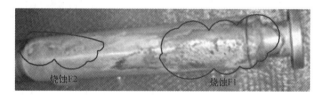

图 1-73 导电杆

6. 后续措施

(1) 要求厂家进一步梳理异物产生的原因，提供故障原因分析报告。

(2) 对该站设备完成一次专业巡视与带电检测。

(3) 加强厂内装配异物管控，细化装配过程工艺卡，设置异物清理擦拭关键质量检查点。

案例三 出线套管漏气

1. 异常概况

12 月 28 日，变电运检班寒潮天气特巡时，发现 110kV 某变 2 号主变 110kV 出线套管气室气压明显降低，进行检漏，发现严重漏点（见图 1-74），紧急申请停电处理。现场检查发现出线套管法兰处橡胶密封圈老化。

图 1-74　出线套管漏气位置

2．设备信息

组合电器设备型号 ZF5-110，投运时间 2000 年 7 月，上次检修时间 2023 年 12 月。

3．异常发现过程

12 月 28 日，变电运检班寒潮天气特巡时，发现 110kV 某变 2 号主变 110kV 出线套管气室气压明显降低，进行检漏，发现严重漏点。

4．现场检查及处置情况

现场通过红外检漏仪检测、SF$_6$ 泄漏仪确认 2 号主变 110kV 出线套管法兰处橡胶密封圈有漏气现象。紧急更换相应密封圈，缺陷消除后出线套管如图 1-75 所示。漏气处理工作完成后进行恢复，并经过相应的试验检测合格，恢复送电。

5．综合分析

结合现场检查及解体更换过程，本次漏气原因为：在长期运行后，密封胶条老化，夜晚天气温度处于零度以下，密封胶条本身的热胀冷缩等影响，会导致漏气现象的产生；安装工艺不到位，四周涂锌螺栓未按要求均匀紧固，不均匀受力使得密封胶条受力不均，致其无法均匀紧密地散在接触面上起到足够的密封作用。

6．后续措施

（1）要求厂家提供该批次密封圈的材质检测报告。联系具有资质的第三方检测机构对密封圈形变原因进行鉴定，对存在漏气的原因进行进一步分析。

图 1-75　缺陷消除后出线套管

（2）强化设备源头管控，对设备及零部件加强技术监督和金属材质分析，杜绝不良设备入网。

第二节　断　路　器

一、断路器机构故障

案例一　储能电机

1．异常概况

9 月 18 日，检修人员在处理某变 220kV 母联开关间隔后台"汇控柜控制电源消失"

告警缺陷过程中，判断为储能回路元件故障。为保障消缺过程安全，于 18 日 23 时停役开关，经检查发现 C 相机构储能电机故障，更换备品后于 19 日 2 时 45 分完成消缺，3 时23 分设备复役。

2. 设备信息

220kV 母联开关设备型号 LWG9-252，生产日期 2007 年 12 月，操动机构为 HMB 型液压弹簧操动机构。

3. 异常发现过程

9 月 18 日，检修人员在处理某变 220kV 母联开关间隔后台"汇控柜控制电源消失"告警缺陷过程中，发现储能回路存在故障。

4. 现场检查及处置情况

检修人员进场处理某变"220kV 母联汇控柜控制电源消失"缺陷，现场检查 220kV母联开关储能电源跳开，开关压力及油位正常，故决定先采用不停电消缺方式进行缺陷检查处理。

检修人员通过试合开关发现储能电源空开无法合上，逐步摸排发现拆除 C 相电缆后，空开能正常合闸，判断为 C 相机构储能回路故障。拆除汇控柜至断路器端子排外侧，储能空开能合上，初步判定为机构箱端子排内侧元器件故障。

因机构箱内端子排位置布置在机构箱背板处，且储能回路检查涉及交流及直流回路，开关处于运行状态，为保证工作的安全性和设备运行的可靠性，申请开关冷备用。

开关停电后，现场检查为电机故障，将电机拆除后发现电机已发生匝间短路（见图 1-76），更换电机备件后，开关恢复正常运行。

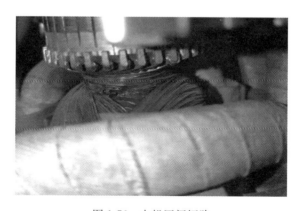

图 1-76 电机匝间短路

5. 综合分析

检修人员在接通 C 相电缆时，发现 C 相储能电机有打火现象，判断电机可得电，进而判断电机启动控制继电器 88MC 已动作，现场实际油压应在启动值与重合闸闭锁压力值之间，因现场后台未接入液压弹簧机构的油泵启/停信号，故无法得到具体的打压时间范围；现场检查未见打压超时信号动作信息；在消缺时段内，未见机构油压有明显下降，未触发油压低重合闸闭锁，可判断机构保压能力良好。

综上分析，认为该液压机构因近期气温下降引起机构压力值下降至油泵启动值，储能电机在正常打压过程中烧损，初步判断该储能电机存在老化或质量问题。

6．后续措施

（1）为避免类似问题重复出现，要求厂家进行技术分析，并形成技术报告。

（2）完善液压弹簧机构的油泵启/停信号。

案例二　漏油合后分

1．异常概况

5月21日，220kV某变某线开关进行常规C检。在做合闸防跳功能检查时，开关三相合闸后A相立即分闸，三相不一致时间继电器动作使开关三相分闸，开关重复合分闸两次后，现场检查发现开关液压机构已无法建压，开关油压低闭锁分合闸。

2．设备信息

开关设备型号3AQ1EE，投运日期2006年1月25日，上次检修日期2015年11月9日。

3．异常发现过程

5月21日，220kV某变某线开关进行常规C检。在做合闸防跳功能检查时发现开关合后即分。

4．现场检查及处置情况

检修人员对开关机构箱端子排、分合闸线圈、三相不一致继电器、合闸总闭锁继电器、防跳继电器、A相操作箱内辅助开关进行逐一排查，均完好。后将分闸1和分闸2线圈接线解开，再次进行合闸，开关A相依然合闸后立即分闸，B、C相合闸，初步判断A相主阀故障。现场拆下A相主阀，并进行解体检查，如图1-77～图1-79所示。

对主阀进行解体发现：一级分闸阀内部有钢丝，钢丝一端卡在弹簧内部，另一端在阀球与阀体密封面之间，致使阀球无法将A相分闸一级阀可靠闭合，分闸顶杆无法复位，导致A相合闸后立即分闸。

现场进行主阀备品更换后，特性试验合格，传动正常，防跳功能正常，缺陷消除。

5．综合分析

液压机构在合闸位置时接收到分闸指令，分闸线圈作用于分闸杠杆，分闸杠杆作用分闸顶杆顶开分闸阀球，由此打通原来封闭的高压油至无压油箱的油路。分闸阀球顶开后应立即复位，现由于钢丝卡在阀球与阀体密封面之间，阀球无法复位，因此高压油一直与低压油相通，导致开关无法保持合闸状态。

图 1-77 A 相主阀

图 1-78 A 相分、合闸顶杆

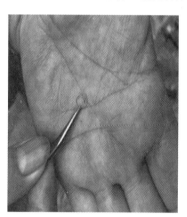

图 1-79 A 相一级分闸阀中存在钢丝

综合现场阀体解体检查结果，认为开关设备出厂加工装配时残留了钢丝，在分合闸过程中流动变位至阀球与阀体密封面之间，导致分闸一级阀始终处于打开位置，使得开关合闸后立即分闸。

6. 后续措施

（1）要严格按照省公司相关要求，对 12 年以上断路器开展机构大修，防止类似隐患出现。

（2）对于 110kV 及 220kV 断路器在检修过程中认真落实反措项目，仔细开展防跳功能检查。

（3）对于隐蔽工程，要求厂家加工装配时严格检查是否有异物，规范作业。

案例三 合闸失败

1. 异常概况

9 月 5 日，省调 AVC 控制 500kV 某变 3 号主变 2 号低抗 332 开关合闸失败。监控后

图 1-80 合闸线圈外绝缘层碳化

台显示电流遥测值为 0、开关遥信分位、"开关控制回路断线""开关控制电源空开跳开"等光字常亮无法复归。现场检查发现合闸线圈明显烧损（见图 1-80）、机械指示分位、合闸挚子运动位置不正确、储能轴运动位置不正确等。压簧工装固定合闸弹簧后，经拆卸机械传动连杆确认，开关本体 A 相传动机构卡死，造成 332 开关整体机械传动卡滞、合闸失败。

2. 设备信息

开关设备型号 LW30-72.5，SF$_6$ 瓷柱式断路器，操动机构型号 CT26，生产日期 2017 年 1 月。投产日期 2018 年 3 月。动作次数 641。

3. 异常发现过程

9 月 5 日，省调 AVC 控制 500kV 某变 3 号主变 2 号低抗 332 开关合闸失败。

4. 现场检查及处置情况

现场检查开关机械指示分位，合闸线圈烧损。因此判断合闸回路正常，由于机械原因或者合闸线圈自身原因，导致合闸失败。由于合闸回路自保持，长时间通过大电流（4.4A）进而导致合闸线圈烧损。故障开关与正常开关分位时合闸挚子状态如图 1-81 所示。

(a) 故障开关　　　　　　　　　　(b) 正常开关

图 1-81 332 故障开关与正常开关分位时合闸挚子状态

对机械部件检查，合闸挚子运动位置不正确，处于由分位转合位的中间状态。从图 1-81（a）可以初步判断，合闸线圈已经励磁，合闸挚子开始动作，但由于该部件或者其他部件卡涩导致合闸挚子未运动到位，处于中间状态。开关合位时合闸挚子正常状态如图 1-82 所示。

图 1-82　开关合位时合闸挚子正常状态

　　机构储能轴运动位置也不正确。储能轴下端连接合闸弹簧，正常储能时运动到最高点保持固定。合闸时，合闸挚子动作带动储能保持挚子，使储能轴逆时针旋转至最低点释放合闸能量，凸轮等机械部件旋转带动输出拐臂动作，进而使本体机械连杆运动，完成合闸操作。储能轴在最低点时在储能机构带动下逆时针旋转至最高点完成合闸弹簧储能，如图 1-83（a）所示。而现场储能轴位置如图 1-83（b）所示，已过最高点位置，处在一个释放合闸能量的初始状态。由于合闸能量比较大，初步判断储能轴后面的输出拐臂、本体机械连杆等部件异常可能性较大，合闸挚子等部件异常的可能性较小。

(a) 正常开关储能完成时储能轴位置　　　　(b) 故障开关储能轴位置

图 1-83　332 开关储能轴位置、储能完成时储能轴位置

　　检查本体机械连杆，BC 相之间的机械连杆在人力作用下有一定活动行程，而 AB 相之间的机械连杆完全卡死，没有活动行程。压簧工装固定合闸弹簧，拆卸本体机械连杆后试验，仅 A 相本体机构卡涩，B、C 相正常，机构传动部件试验良好。

　　现场将 A 相本体机构更换后，试验数据正常，缺陷消除。

5. 综合分析

根据现场检查，初步判断造成此次开关合闸失败的原因为 A 相本体机构卡死，造成开关整体机械传动卡滞，合闸线圈长时间通电后烧损，合闸失败。

6. 后续措施

（1）对异常开关进行解体分析，明确设备异常原因，并制定后续整改措施，防止同类事件再次发生。

（2）全面排查该类无功投切断路器设备，约谈设备厂家，制定针对性整改措施。

二、灭弧室故障

案例一　灭弧室破裂

1. 异常概况

4 月 13 日，220kV 某变 35kV 3 号电抗器中性点开关 VQC 操作合闸后，于 17 时 00 分 3 号电抗器中性点开关发生 A 相极柱瓷套炸裂。相邻电抗器及支撑瓷瓶存在部分受损现象。经现场检查，A 相传动拐臂的安装座紧固螺栓未达到装配工艺要求，导致极柱瓷套炸裂。

2. 设备信息

开关设备型号 LW8-35AG，出厂日期 2019 年 8 月，投运时间 2019 年 12 月，上次检修时间为 2021 年 3 月。开关计数器动作次数为 684 次。

3. 异常发现过程

4 月 13 日，220kV 某变 35kV 3 号电抗器中性点开关 VQC 操作合闸后，于 17 时 00 分 3 号电抗器中性点开关发生 A 相极柱瓷套炸裂。

4. 现场检查及处置情况

现场进行外观检查，发现开关 A 相上节瓷瓶已全部炸损，开关动触头脱离静触头，且有明显放电烧损情况，静触头触指有明显弯曲。3 号电抗器中性点开关受损情况见图 1-84。

图 1-84　3 号电抗器中性点开关受损情况

检查 3 号主变故障录波（见图 1-85），发现 3 号电抗器 A 相合闸初期无电流，B、C 相电流正常，可判断开关 A 相实际合闸不到位。

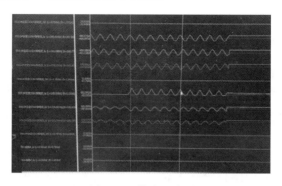

图 1-85 故障录波图

开关解体检查，发现开关灭弧室烧蚀严重，弧触头烧融脱落。拆开断路器传动回路，发现传动拐臂的安装架紧固螺栓脱落，涉及 5 个螺栓固定，发现 2 个螺栓已脱落，2 个螺栓已松动，仅 1 个螺栓维持，见图 1-86。

图 1-86 拐臂座螺栓情况

进一步检查开关大梁内部情况，如图 1-87 所示，发现 A 相螺栓脱落导致安装架明显偏离，导致拉杆合闸位置不到位，B、C 相导杆位置正常。

现场分析原因后，待备品到后进行故障设备更换。

5. 综合分析

综合现场检查及解体分析，其故障原因为 A 相传动拐臂的安装座紧固螺栓未达到装配工艺要求，在开关运行中出现螺栓松动（2 颗螺栓脱落），在故障前最后一次合闸过程中，因强度不足剩余螺栓松脱，安装座移位导致开关 A 相合闸不到位，动静弧触头拉弧烧蚀，产生高温高压导电性混合金属气体，导致灭弧室炸裂。

6. 后续措施

（1）深入开展问题设备原因分析。要求厂家针对某变 3 号电抗器中性点开关炸裂现象，提供具体原因分析，并提供在运同类型设备批次清单。

（2）对同批次、同型号开关进行全检排查，重点检查各部件的螺栓固定情况并划标志线。

（3）强化无功设备入网管控，关注频繁投切的电抗器中性点开关质量。

图 1-87　故障相、正常相导电位置

案例二　灭弧室内部卡涩

1. 异常概况

3月4日，检修人员在对220kV某开关开展机械特性试验时，发现断路器A、C相极柱合闸时间超标，C相合闸速度不满足要求。现已对三相极柱进行更换，试验合格。

2. 设备信息

开关设备型号3AQ1EE，编号：06/K40016728。

3. 异常发现过程

3月4日，检修人员在220kV某变综合检修时发现某开关机械特性试验结果异常，A、C相极柱合闸时间超标，分别为116ms、118.2ms，C相极柱合闸速度均不满足要求，为1.9m/s，合格的合闸时间为100ms±5 ms，合格的合闸速度2.7m/s±0.5m/s。

4. 现场检查及处置情况

现场测得三相合闸时间及合闸速度如表1-6所示。

表 1-6　　　　　　　　　　三相合闸时间及合闸速度

相别	A	B	C
合闸时间（ms）	116	103	118.2
合闸速度（m/s）	2.2	2.6	1.9

根据以上试验数据，A、C 相极柱合闸时间明显超标，B 相数据也在标准的临界值附近，判断为机械部分存在缺陷。为进一步确定，检修人员采用位移传感器测试开关合闸全行程时间，其数据分别为 138、115、140ms。通过数据可以看出，A、C 相的合闸全行程时间远远大于 B 相，进一步印证了断路器机械动作部分存在故障，导致合闸时间超标。而机械部分包括操动机构及极柱。

现场检修人员将各相驱动连杆拆除后，用撬棒对极柱的拐臂进行手动操作，发现 A、C 相所需的操作力度远远大于 B 相，由此可以判断，缺陷原因为 A、C 相极柱内部存在卡涩，导致合闸时间超标。

3 月 5 日，为确保设备可靠投运，检修人员更换了三相极柱。更换以后，重新检测三相极柱合闸时间，均在合格范围之内。

3 月 10 日，异常断路器返回厂家进行解体，解体情况如下：

（1）取出位于灭弧室上方的合闸位置静触头，三相静触头外观正常，有轻微拉弧灼伤痕迹，导电杆表面光滑带轻微摩擦印迹，为滑动导电筒与静触头接触产生，如图 1-88 所示，均为正常现象。

图 1-88 分闸位置静触头和滑动导电筒

（2）取出位于灭弧室下方的分闸位置静触头和滑动导电筒，可以看出 A、C 相滑动导电筒表面有明显黑色脏污，B 相相对较为干净，无明显脏污；A、C 相底部接线板一圈存在大量金属粉屑，B 相几乎没有金属粉屑，如图 1-89 所示。

图 1-89 A、C 相内部粉末

（3）进一步移出滑动导电筒，发现 A、C 相分闸位置静触头导电杆存在严重的金属摩擦拉毛现象（见图 1-90），甚至已经出现露铜的情况，且拉毛范围持续至分闸位置弧触指最下方接触位置，导电杆一圈均为如此，分布均匀；而 B 相导电杆只有一侧小部分位置有金属摩擦痕迹，无金属摩擦拉毛及露铜现象，其余部分光滑。

图 1-90　A、C 相存在严重的金属摩擦拉毛现象

（4）进一步检查滑动导电筒，并完全拆解滑动导电筒（见图 1-91）；其中 A、B、C 相合闸位置的弧触指均有拉弧灼伤痕迹，而分闸位置的弧触指可以看到明显的金属划痕。

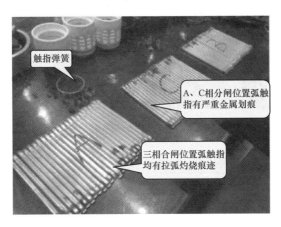

图 1-91　三相滑动导电筒触指拆解

5. 综合分析

综合现场检修及解体检查，从分闸位置静触头导电杆的拉毛范围持续至分闸位置弧触指最下方接触位置这一现象，可以断定，该断路器的卡涩情况必然是由灭弧室内的机械原因，即分闸位置弧触指与分闸位置静触头导电杆摩擦力过大引起的。

导致摩擦力过大的原因为：①分闸位置静触头导电杆尺寸偏大；②弧触指尺寸偏大；

③触指筒尺寸偏小；④触指弹簧压力机械特性存在问题；⑤以上因素多方面的配合公差有误。

6. 后续措施

（1）进一步跟进后续检测调查情况，明确摩擦力过大的原因，得到最终结论，找到根本原因；

（2）结合根本原因，针对性地对该型号该批次的设备开展摸排检测，停电检修后第一时间对断路器开展机械特性测试。

案例三　触头接触不良

1. 异常概况

4 月 19 日，500kV 某变 AVC 动作合上 2 号主变 2 号低抗 322 开关，20s 后，报 2 号主变 2 号低抗 SF_6 气压低告警、闭锁，并先后发生 2 号主变第一、二套低压侧过流保护动作、2 号主变 2 号低抗速断保护动作及 2 号主变第一、二套差动保护动作。经现场检查以及返厂解体分析，判断 322 开关 B 相内部触头接触不良发热导致瓷套破裂，并引发后续故障。

2. 设备信息

开关设备型号 3AP1-FG，2002 年 5 月投运，上次检修时间 2021 年 9 月，间隔设备检修情况正常，试验数据合格，故障时开关动作次数 2213 次（分合闸各计 1 次）。

3. 异常发现过程

4 月 19 日 10 时，500kV 某变 AVC 动作合上 2 号主变 2 号低抗 322 开关，20 秒后，报 2 号主变 2 号低抗 SF_6 气压低告警、闭锁，并先后发生 2 号主变第一、二套低压侧过流保护动作、2 号主变 2 号低抗速断保护动作及 2 号主变第一、二套差动保护动作。

4. 现场检查及处置情况

经现场检查确认，低抗 322 开关 3 相均处于分闸到位位置，B 相故障损坏，动、静触头严重烧蚀，上端静触头脱落如图 1-92 所示；A、C 相灭弧室瓷套受损，上端法兰存在短路放电痕迹，如图 1-93 所示；这些放电痕迹为 0 时刻低压侧三相短路放电造成。

2 号主变 2 号低抗避雷器 B 相本体有放电痕迹，表计破损，接地引下线熔断，如图 1-94 所示。

返厂解体发现 B 相开关动、静主触头严重烧蚀；喷嘴外观完整，内壁未见明显烧蚀痕迹，外壁因高温呈白色。B 相气缸与导电筒均有 3 处贯穿性烧蚀孔洞，位于导电筒两侧，两侧角度接近 180°，分析为 0 时刻低压侧三相短路放电造成，分闸位置时这些孔洞错开，至合闸到位位置互相重合，说明放电发生时 B 相处于合闸基本到位的情况，如图 1-95 所示。

图 1-92　B 相动静触头

图 1-93　A、C 相灭弧室法兰

图 1-94　B 相避雷器

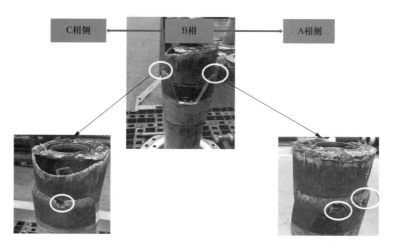

图 1-95 B 相开关气缸与导电筒之间贯穿性烧蚀孔洞

5. 综合分析

根据返厂解体检查的情况分析，结合现场检查、工业视频检查、保护动作等情况，推断故障产生的原因及发展过程如下：

（1）2 号主变 2 号低抗 322 开关 B 相触指保持架在产品制造过程中由于工艺控制不到位在折边位置产生微裂纹，在多次合闸冲击下裂纹扩展，引起触指松动而压紧力不足。在本次合闸后因动、静触头接触不良（虽然动触头已合闸到位），在负荷电流下造成主触头区域过热，SF_6 温度压力快速上升，20s 后 B 相瓷套破裂。

（2）放电产生的高温气体、粉尘扩散后造成三相短路，2 号主变低压侧过流保护动作跳开总断开关，放电发生在 A、C 相低抗开关上端法兰与 B 相低抗开关动、静触头之间。

（3）2 号主变 2 号低抗 C 相流变被瓷套碎片波及受损，导致油汽外泄，闪络电弧转移至电流互感器 C 相膨胀器外壳与低抗开关 B 相静触头之间，短路电流流经低抗 C 相流变一次回路，低抗速断保护跳开低抗开关。

（4）放电形成的高温气体、粉尘上升导致上方 220kV B 相跨线对低抗开关静触头放电，35kV 侧电压抬升，后通过 B 相避雷器接地，导致主变差动保护动作跳闸。

6. 后续措施

（1）对同年生产的隐患批次设备进行整体更换，对其中的 1 相瓷瓶进行例行出厂试验，进一步评估瓷瓶状态。

（2）对 AVC 频繁投切无功断路器，逐步试点加装机械特性在线监测装置，进一步监控设备状态。

（3）加大运行超过 15～20 年无功投切断路器检修维护力度，除了按原来操作次数开展检修维护外，同时抽取设备开展解体检修评估工作，进一步评估设备状态；针对评估结果开展针对性维护或改造。

三、一次回路故障

案例一　接线端子发热

1．异常概况

12 月 26 日，运维人员在 220kV 某变红外测温复测过程中，发现 1 号主变 110kV 开关接线板 A 相发热恶化，如图 1-96 所示，A 相温度 105 ℃，B、C 两相温度 13.3℃，环境温度 10℃，负荷电流 451.1A，相对温差 96.52%，报紧急缺陷。

图 1-96　接线端子

2．设备信息

开关设备型号 LTB145D1/B，投运日期 2003 年 11 月 4 日，上次检修日期 2018 年 4 月 27 日。

3．异常发现过程

12 月 26 日，运维人员在 220kV 某变红外测温复测过程中，发现 1 号主变 110kV 开关接线板 A 相发热恶化。

4．现场检查及处置情况

对三相接触面进行清洁、打磨处理，采用变电设备发热缺陷"十步法"处理工艺，在接触面喷涂纳米导电涂膜剂，重新安装，回路电阻测试合格，当日下午 16 时 52 分设备复役，红外跟踪测温正常。

1 号主变 110kV 开关复役后红外测温如图 1-97 所示，A 相接头为 13.5℃，B 相 13.4℃、C 相 13.3℃，负荷电流为 173.47A。

5．综合分析

设备位于沿海高污秽地区，长期在高盐污环境下经过长达 17 年的氧化积污，导致线夹接触不良，接触电阻增大，是导致本次 220kV 某变 1 号主变 110kV 开关接线板 A 相发热故障事件的直接原因。

6．后续措施

（1）展开变电设备发热缺陷"十步法"处理工艺的专项培训，在后续检修工作中重点开展接线板的表面积污检查和一般发热缺陷消缺。

（2）做好缺陷跟踪管控。对现存缺陷适当加强运维巡视和带电检测，并结合设备运行工况开展综合分析，切实做好管控，严防紧急拉停事件。

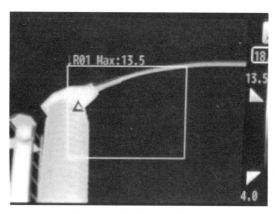

图 1-97　检修后红外测温

案例二　瓷瓶异物放电

1. 异常概况

12 月 31 日 13 时 22 分 45 秒，220kV 某变 110kV 母差Ⅰ母（正母）动作，跳开Ⅰ母（正母）上所有开关。经现场检查确认，此次异常跳闸是因异物飘至断路器瓷瓶，导致其与开关构架短路。对故障点进行检修维护后，经试验验证，满足复役条件。

2. 设备信息

开关设备型号 LW25A-126，出厂序号：0103180150，出厂日期 2018 年 9 月。

3. 异常发现过程

12 月 31 日，220kV 某变 110kV 母差保护Ⅰ母差动出口动作，动作报文如图 1-98 所示。

图 1-98　OPEN3000 动作报文

4. 现场检查及处置情况

调取现场监控视频，发现事故发生时有一气球飘到某开关间隔，引起开关下端通过气球及气球下的细绳对开关构架短路，由于短路点位于开关的母线侧，因此引起母差保护动作跳开正母上所有开关。

检修人员查看某开关，发现该开关 A 相下端法兰及瓷裙上有明显的放电痕迹，现场电缆盖板上有残余气球碎片，如图 1-99 所示，开关下端瓷瓶的第一片瓷裙上有明显放电灼伤痕迹，表面釉质发黑、起皮、脱落；底部开关构架上也有放电痕迹，整体放电部位与气球靠近引起放电位置吻合。

图 1-99　现场开关照片

检修人员对瓷裙放电部分进行清洗检查，对瓷釉脱落部分进行喷涂 RTV 处理，将接地故障消除，开关瓷瓶绝缘电阻试验合格。

5. 综合分析

由于气球飘到某开关 A 相下端，通过气球及气球下端的绳子对构架短路，短路点位于开关的母线侧，属于 110kV 母差保护范围，110kV 母差保护正母差动动作，跳开 110kV 正母母线上所有的运行开关，切除故障。

6. 后续措施

(1) 加强对该间隔开关巡视，特别是潮湿天气下，观察运行中绝缘表面是否正常。

(2) 加强对变电站周边异物清理工作，发现异物及时清除，防止类似事件发生。

四、二次回路故障

案例一　辅助开关绝缘不良

1. 异常概况

3 月 19 日，220kV 某变线路间隔 C 级检修时发现开关控制回路Ⅰ段与控制回路Ⅱ段之间存在直流串电。经对二次回路检查，确认为辅助开关因运行年限、工况等因素导致老化严重，致使绝缘下降。

2. 设备信息

开关设备型号3AQ1EE，出厂编号06/K40015404，出厂日期2006年9月，投运日期分别为2007年7月、2010年12月。

3. 异常发现过程

3月19日，220kV某变线路间隔C级检修时发现开关控制回路Ⅰ段与控制回路Ⅱ段之间存在直流串电。

4. 现场检查及处置情况

对线路间隔开关二次回路检查时，拉掉控制电源Ⅰ空开，合上控制电源Ⅱ空开后，测量控制电源Ⅰ直流电压为104V，拉掉控制电源Ⅱ空开，合上控制电源Ⅰ空开后，测量控制电源Ⅱ直流电压为107V。其余部分间隔也有同样现象。

打开断路器操作箱后，发现辅助开关表面有老化严重现象并有变色情况，新旧辅助开关对比见图1-100。

图1-100　辅助开关新旧对比

更换新的辅助开关后，测量开关内部节点已无第一套控制电源和第二套控制电源串电现象。

5. 综合分析

对拆下的辅助开关进行绝缘测试时，发现辅助开关节点42与52之间绝缘明显偏低，为12MΩ。解体后发现，辅助开关铜触片和塑料隔片已熔融粘连在一起，如图1-101所示。

6. 后续措施

（1）检修过程中应完善项目，继续开展好两组控制回路之间的回路及绝缘检查，及时发现隐患并消除。

（2）综合考虑运行年限、工况等因素，开关开展维保工作时同步更换断路器辅助开关。

（3）对所辖变电站内3AQ1EE断路器结合停电工作进行二次元器件的绝缘性能排查。

图1-101　辅助开关内部接点

案例二　中间继电器

1. 异常概况

6月13日，220kV某变某开关出现N$_2$泄漏告警光字亮缺陷，现场运维人员检查某开关液压压力355bar，达到N$_2$泄漏整定值，继电器K14绿灯亮，继电器K15绿灯不亮。现场更换继电器K15后，故障消除。

2. 设备信息

开关设备型号3AQ1EE，投运日期2003年，上次检修日期2019年11月8日。继电器更换时间为2017年4月，型号ETR4-70B-AC。

3. 异常发现过程

6月13日，220kV某变某开关出现N$_2$泄漏告警光字亮缺陷。

4. 现场检查及处置情况

检修人员现场检查某开关液压压力为355bar，现场多次排气后，N$_2$泄漏信号未复归，拉开储能空开电源F1，系统压力稳定在355bar，排除排气阀、安全阀、液压储压筒漏气的可能性。现场进行信号复归，将压力泄压至自动起泵压力320bar，油泵重新打压，大约2min后压力升至355bar，N$_2$泄漏闭锁分闸1中间继电器K14指示灯亮，油泵打压中间继电器K15并未切断油泵，因此初步判断故障为机械微动开关B1接点（16-17）粘连或者油泵打压中间继电器K15粘连。

现场人工触发机械微动开关B1接点（16-17）可以正常复位，为进一步判断故障将B1微动开关接线拆除，K15电源指示灯依然显示有电并处于导通状态，油泵仍然打压，最终判断油泵打压中间继电器K15（见图1-102）内部故障或者接点粘连，导致无法有效断开油泵。将 K15 更换后，重新整定时间 3s 并进行打压，故障消除。

图 1-102　中间继电器

5. 综合分析

将故障继电器送电科院系统所分析，继电器外部旋钮功能设置在 12 档（B1 触发，失电延时），但试验中发现继电器无需 B1 接点触发，在得电状态下即可导通接点（15-18）。解体发现继电器内部功能调整塑料连杆已与功能调整转盘脱开，实际功能处于非正常档位。

结合试验及解体分析，认为该继电器塑料连杆在装配时已处于非正常状态，长期运行后，在受热和设备振动影响下连杆脱开，设定的失电延时功能无法保持，引起内部接点非正常导通。

6. 后续措施

（1）对于同批次该型号的时间继电器进行安全隐患排查，以防止同类故障再次出现。

（2）督促厂家对该型号继电器进一步分析，若确认产品质量问题或批次问题，则结合机构大修更换性能更可靠的继电器。

案例三　继电器老化

1. 异常概况

12 月 23 日，220kV 某变某线保护动作，跳开某线 B 相开关，随后三相不一致动作跳开 A、C 相。现场更换中间继电器后，缺陷消除。

2. 设备信息

设备型号 3AQ1EE，制造日期 2003 年，出厂序号：03/K40007190，上次检修时间2015 年 3 月。

3. 异常发现过程

12 月 23 日，220kV 某变某线保护动作，跳开某线 B 相开关，随后三相不一致动作跳开 A、C 相。

4. 现场检查及处置情况

结合保护动作分析，保护动作前，B相电压波动、电流从无到有，短时故障后，差动动作跳开B相开关，经整定延时1s后，第一套、第二套保护均发出重合闸出口命令。后台收"第一组操作箱控制回路断线"，始终未收到"第二组操作箱控制回路断线"，足以说明此时操作箱的合闸命令已出口，而实际B相开关未合上，导致2.5s后机构三相不一致继电器动作。

检修人员安排进行保护装置逻辑及出口校验，第一套保护A、B、C相单跳单重、第二套保护A、B、C相单跳单重传动试验均正确，后台接收某间隔相关自动化信号均正确。

现场检查发现"油压总闭锁""SF$_6$总闭锁""合闸油压闭锁""N$_2$泄漏"四组信号归并在同一端子上，当任一信号上传时，均会在后台显示"SF$_6$气压低闭锁"。由于现场故障未复现，故对可能引发异常现象的K2、K3、K4、K5、K12LB、K14、K61、K81继电器全部进行更换，更换后信号及开关动作均正常。

5. 综合分析

对K2、K3、K5等继电器检查发现K2继电器存在触点表面镀银层毛糙、拉紧弹簧变形现象（见图1-103），用万用表量该继电器接点，并抖动K2，合闸闭锁回路中的动开接点（7-9）存在偶发节点断开的现象，同时动合接点（1-2）闭合，其他继电器检查无异常。

图 1-103　继电器 K2

综合判断，此次事件原因为K2继电器老化，在开关B相分闸抖动时偶发合闸闭锁，导致B相重合失败。开关重合闸闭锁信号为开关三相跳闸后油压降低导致，属正常现象，油泵正常补压后闭锁复归。

6. 后续措施

（1）结合测控装置改造将归并的4个信号回路分开，方便今后故障精准判断。

（2）对重要继电器进行校验，对老旧电器元件、常励磁继电器进行更换。

（3）结合综合检修、日常维护对继电器固定情况进行检查，确保继电器固定良好；同时检查机构箱与大梁连接嵌条的紧固情况，防止由于开关分合闸、储能等振动导致继电器误动作。

五、密封部件故障

案例一 机构漏油

1. 异常概况

11月12日，监控后台显示220kV某变某开关压力低闭锁重合闸，3点46分显示开关油压低闭锁分合闸。检修人员到达现场后发现某开关机构液体压力130bar，远低于正常压力（正常值应略高于320bar），进一步检查发现C相操动机构下方有大量液压油滴落，如图1-104所示。

图1-104 C相操动机构箱大量液压油滴落

2. 设备信息

开关设备型号3AQ1EE；设备编号：05/K40012917；出厂日期2005年11月1日；投运日期2006年1月20日。

3. 异常发现过程

11月12日，监控后台显示220kV某变某开关压力低闭锁重合闸，显示开关油压低闭锁分合闸。

4. 现场检查及处置情况

检修人员打开某开关C相操动机构箱盖进行检查，发现C相主阀端盖密封处漏油，具体漏油部位如图1-105所示。

现场处理需停电做好防慢分措施后，对主阀密封圈进行更换。打开主阀端盖，发现其密封圈破损十分严重，如图1-106所示。

检修人员对主阀端盖的法兰面进行清理，安放新的密封圈，重新安装端盖，并把主阀装配到操动机构上。安装完成后，对开关液压回路重新注入液压油，并将多余气体排出。从零压打压至325bar，用时4分10秒，时间正常，并且外观检查操动机构内部主阀无渗油现象，判断液压回路正常，漏油缺陷消除。

图 1-105　C 相主阀端盖处漏油

图 1-106　主阀及其密封圈

5．综合分析

本次事件的直接原因为主阀端盖密封圈破损，导致液压油泄漏，致使压力不断降低，最后造成开关分合闸闭锁。从主阀端盖密封圈的破损情况来看，并结合此台开关已正常运行 15 年，并于 2020 年维保对该部位进行检查未发现异常，应是密封圈自出厂时存在一定暗伤，长期在高压油的环境下导致最终破损。在油泄漏的瞬间，因油压较高，将密封圈冲破。

6．后续措施

（1）对同批次产品的相同部位进行检查，防止出现类似漏油问题。

（2）对破损密封圈进行检测，确定是否存在材质不良、制造工艺不佳等问题。

案例二　氮气泄漏

1．异常概况

8 月 17 日，D5000 报 500kV 某变某开关机构储能电机故障，该信号为储能电机故障和机构油位低的合并上送信号，现场检查某开关电机回路无异常，进一步检查发现某开关 A 相机构油位相对 B、C 相偏低，对 A 相机构补油 4L 后，告警信号复归。8 月 18—19 日跟踪观测显示某开关 A 相液压机构油位下降明显，液位 24h 降低 0.5cm。机构返厂解体后，发现氮气筒密封圈弹性形变挤压，造成氮气泄漏，油位降低。更换密封圈后，缺陷消除。

2．设备信息

设备型号 GST-550BH，投运日期 2015 年 6 月，上次检修日期 2020 年 11 月。机构为某生产厂家 BH 型（500kV），储压筒为某公司配套生产。查询近期 5022 开关机构打压抄录数据，A 相机构近半个月打压次数增加 9 次，但仍在厂家管控值 30 次/天内。

3．异常发现过程

8 月 17 日，D5000 报 500kV 某变某开关机构储能电机故障，该信号为储能电机故障和机构油位低的合并上送信号。

4．现场检查及处置情况

现场检查发现，A 相油位低于 B、C 相，机构箱内未发现渗漏油痕迹，如图 1-107 所示。

(a) A 相   (b) B 相   (c) C 相

图 1-107 三相油位（从左至右）

返厂解体检查发现储压筒活塞动密封受损（见图 1-108），氮气渗漏至液压油回路，导致液压油位下降并伴随打压次数增多。

活塞动密封采用双道组合式密封结构，每道密封结构由格莱圈（PTFE 材质）、2 个挡圈（聚四氟乙烯材质）、O 形橡胶圈（丁腈橡胶）组成。格莱圈通过 O 形密封圈的弹性变形挤压，使之紧贴密封表面而产生较高的附加接触应力，隔离气体与液压油。

5．综合分析

综合现场检查及返厂解体情况，初步分析 5022 开关 A 相液压机构油位低异常原因

图 1-108　储压筒及密封圈

为：机构储压筒活塞动密封受损，氮气不断沿受损处进入液压油中，储压筒氮气预充压力下降，维持相同油压活塞需压缩更长行程，导致机构油位进一步下降。

6. 后续措施

（1）做好设备状态跟踪巡视，对更换后的机构，持续跟踪对比油位变化趋势及打压次数。

（2）加强液压机构日常巡视，如发现每日打压次数异常增多或油位异常下降，应及时分析并制定处置策略。

案例三　机构箱密封老化

1. 异常概况

2 月 21 日，220kV 某变某线后台发断路器油压低重合闸闭锁、第一套保护装置异常、断路器 N_2 泄漏告警；检查断路器 SF_6 压力、油压均正常，但机构箱背板底部有水渍，告警信号在手动操作 S4 后复归。

2. 设备信息

开关设备型号 3AQ1-EE，投运时间 1999 年 1 月，断路器专业化维护时间 2017 年 9 月。

3. 异常发现过程

2 月 21 日，220kV 某变某线后台发断路器油压低重合闸闭锁、第一套保护装置异常、断路器 N_2 泄漏告警。

4. 现场检查及处置情况

现场检查发现机构箱底部靠内位置有水渍，二次元器件、加热器、箱门密封条等外观检查无异常，疑似漏水点为机构箱背板二次线缆（见图 1-109）、气管接口位置，当日已完成可能渗水点的封堵。

5. 综合分析

该断路器已运行近 23 年，机构箱背板二次线缆、气管接口位置密封老化，近期天气寒冷且雨水频繁，受天气原因雨水从密封开裂处渗入，机构箱内二次元器件受潮绝缘不良，导致告警信号频发。

图 1-109　机构箱及二次线缆情况

6. 后续措施

针对雨雪天气，需加强站内设备运行状态管控，关注机构箱、端子箱、汇控柜密封及设备加热驱潮装置工况是否良好，特别关注隐蔽位置的设备状况。

第三节　开　关　柜

一、断路器机构故障

案例一　连杆轴销脱落

1. 异常概况

8 月 6 日 19：46，220kV 某变 35kV 2 号电容器过流Ⅰ段、Ⅱ段保护动作，跳闸失败；1 号主变本体重瓦斯、轻瓦斯保护动作，跳开 1 号主变三侧开关，35kV Ⅰ段母线失压，无负荷损失。事发时，运维人员正在进行 35kV 2 号电容器由热备用改冷备用操作，操作到第 3 步操作拉开 35kV 2 号电容器户内电容器闸刀时，发生弧光短路。现场检查发现，断路器连杆轴销脱落，机械指示、监控后台显示分闸，实际为合闸，导致带电拉隔离闸刀。

2. 设备信息

1 号主变型号为 SSZ11-180000/220，生产日期为 2014 年 8 月，投运时间为 2014 年 11 月。最近一次检修时间是 2018 年 11 月，1 号主变 C 级检修，试验结果无异常。

35kV 2 号电容器开关柜型号 XGN17，2003 年生产；开关型号 FP4025D，生产厂家为某公司。最近一次检修时间为 2018 年 1 月。

3. 异常发现过程

8 月 6 日 19：46，220kV 某变 35kV 2 号电容器过流Ⅰ段、Ⅱ段保护动作，跳闸失败；1 号主变本体重瓦斯、轻瓦斯保护动作，跳开 1 号主变三侧开关，35kV Ⅰ段母线失压，无负荷损失。

4. 现场检查及处置情况

现场设备检查，1号主变本体及三侧开关外观检查无异常，本体气体继电器有气体积聚。结合1号主变保护录波信息分析，主变低压侧一次故障电流15.6kA，1号主变低压侧可承受短路电流为28.2kA。

2号电容器开关柜内电容器闸刀动静触头存在放电痕迹，触头已烧熔，进一步检查发现开关操作连杆轴销断裂、连杆脱落，如图1-110所示。

图1-110　断路器连杆轴销脱落及开关柜受损情况

1号主变取油开展油色谱试验，结果如表1-7所示，显示氢气、总烃、乙炔含量超标，通过油色谱数据分析，初步诊断为主变本体内有高能量电弧放电。

表1-7　　　　　　　　　　　1号主变取油开展油色谱

设备名称项目	1号主变（底部）	1号主变（中部）
氢气（ppm）	352.45	311.33
甲烷（ppm）	148.69	120.97
乙烷（ppm）	10.39	10.94
乙烯（ppm）	133.65	110.36
乙炔（ppm）	235.92	212.39
总烃（ppm）	528.66	454.66
一氧化碳（ppm）	550.36	447.24
二氧化碳（ppm）	1362.98	1326.84

开展 1 号主变直阻、短路阻抗、绝缘电阻、频率响应测试。低压侧直阻 ab 相 98.55mΩ，bc 相 45.51mΩ，ca 相 4.02Ω，三相严重偏差；短路阻抗测试高压侧-低压侧、中压侧-低压侧 B 相数据均与其他相有明显偏差；绝缘电阻测试低压侧线圈绝缘为 356 kΩ，低于规程标准值，频谱数据中压侧明显变形、低压侧严重变形。综合测试数据，主变 35kV 侧数据明显异常，110kV 侧部分数据偏差较大，220kV 侧数据正常。初步判断低压侧绕组受损、变形明显。

由于主变绕组变形，现场进行主变、开关柜触头更换工作。

5. 综合分析

根据故障录波、现场检查和试验情况，初步分析故障过程为：2 号电容器开关由于轴销断裂、连杆脱落，开关实际位置为合位，但后台指示分闸、电流为零，机械位置指示分闸。运维人员在 2 号电容器由热备用改冷备用过程中，2 号电容器闸刀分断电流产生拉弧导致三相短路，电容器闸刀严重烧毁。电容器过流保护动作，但开关因轴销断裂、连杆脱落无法完成故障分闸。因电容器闸刀三相短路电流，1 号主变遭受近区短路电流约 15.6kA，时间长达 1.6s，超过主变动稳定短路承受能力时限（0.25s），造成主变内部故障。

6. 后续措施

（1）进一步分析传动连杆脱开原因，对该型号断路器传动连杆开展排查，排查时考虑连杆可能脱开安措的特殊性。

（2）加快老旧开关柜改造力度。按轻重缓急梳理隐患设备改造优先次序，并与计划专业做好横向沟通，力争 XGN 等反措开关柜能优先完成改造；将隐患设备列入红线设备管理，现场粘贴警示提示及注意事项。

（3）开展故障主变返厂解体分析，进一步查找主变故障原因。

案例二　重合闸后拒分

1. 异常概况

6 月 17 日 17：04，110kV 某变某线保护动作，重合闸动作合闸，后加速动作因分闸线圈烧毁导致某开关未再跳开，1 号主变低后备动作、1 号主变高后备保护动作，跳开 1 号主变 10kV 开关、35kV 母分开关、线路开关，35kV 备自投未动作，金星变全站失电，引起 8 条 10kV 线路停运。

2. 设备信息

开关型号 VS1-12，出厂日期 2005 年 10 月，投运日期 2006 年 9 月，上次检修日期 2020 年 5 月，其中操作装置试验结果均正常。

3. 异常发现过程

6 月 17 日 17：04，110kV 某变某线保护动作，重合闸动作合闸，后加速动作因分闸线圈烧毁导致某开关未再跳开，全站失电。

4. 现场检查及处置情况

6月17日18：10，运维人员到达现场后，检查发现10kV开关室内无烟雾，但存在烧焦气味，35kV开关室未见异常。将故障隔离后，全所恢复供电。

现场将某线改为开关检修进行抢修。现场检查发现开关附近有烧焦气味，将开关面板打开后发现分闸线圈烧毁痕迹，如图1-111所示，分闸线圈上方的辅助开关部分端子处的连接导线绝缘外表皮破损，如图1-112所示，有受热熔化痕迹，手动释放储能时发现开关机构本体分合正常。之后对外绝缘有破损的导线进行更换，以及对烧毁的分闸线圈进行更换，并对开关机构进行调整维护，再之后做开关特性试验、操作线圈试验、操作试验，均合格。

图 1-111　分闸线圈烧毁

图 1-112　辅助开关端子处导线外绝缘破损

5. 综合分析

经现场检查，某开关拒分初步原因如下：某线外部线路短路故障导致10kVⅠ段母线电压发生波动，交流电压输入产生波动，蓄电池组2号电池故障导致直流系统供电电压不足，开关分闸线圈励磁力不足，持续励磁引起线圈烧毁。

因开关分闸线圈烧毁，某过流Ⅰ段保护动作跳开开关（一次故障电流5980A），重合闸保护动作合上开关，后加速保护动作失败，未跳开开关，故障未切除。因直流电压波动，装置遥信变位异常（反复刷新），备自投装置放电，未动作，导致金星变全所失电。

6. 后续措施

（1）加强落实交直流系统日常工作，加强蓄电池带载试验及其例行巡检工作，保证蓄电池核对性充放电试验切实落实到位。

（2）强化人员技能水平提升，在后续的变电站综合检修中加强检修质量管控，重点关注开关机构等润滑保养工作，加强开关设备的风险预控意识。

案例三 合闸线圈烧毁

1. 异常概况

3月14日，220kV某变并容3P86保护装置异常及并容3P86开关控制回路断线告警。运维人员就地检查并容3P86开关在分位，开关机构储能指示正常，打开二次仓柜门有明显焦味，合闸线圈有明显烧损痕迹。

2. 设备信息

设备型号ZN85—40.5型真空断路器，投运时间2009年4月8日，上次检修时间2020年9月10日。历史发生消缺情况：2018年12月11日，并容3P86开关机构合闸不到位，开关手车返厂修理，更换3AV3弹簧操动机构，于2019年1月23日装复试验后复役。

3. 异常发现过程

3月14日，220kV某变并容3P86保护装置异常及并容3P86开关控制回路断线告警。

4. 现场检查及处置情况

运维人员就地检查并容3P86开关在分位，开关机构储能指示正常，打开二次仓柜门有明显焦味，二次元器件及接线端子无明显烧损痕迹。将并容3P86改开关检修，检修人员对机构进行全面检查，发现并容3P86开关合闸线圈有明显烧灼现象，如图1-113所示。

手动操作合闸按钮，并容3P86开关无反应，发现储能指示正常情况下手动摇合储能手柄仍能储能，手摇至储能结束储能自动脱扣装置正常，判断机构机械储能未到位。对机构进行电动储能，发现电动储能完成后指示虽然正常，但实际储能不到位，确定线圈烧毁为储能不到位导致机构无法合闸引起。

检查主轴时发现主轴轴承明显损坏，储能行程开关侧主轴偏离，轴承中心升高，主轴凸块紧压储能行程开关（见图1-114），导致储能行程开关提前切断储能控制回路。

图 1-113　并容 3P86 开关合闸线圈明显烧损　　图 1-114　并容 3P86 开关机构主轴
轴承损坏（主轴偏移）

　　经现场检查，判断为开关机构主轴轴承损坏，引起电动储能不到位，机构接收到合闸命令后合闸线圈长期励磁致使合闸线圈烧损。因开关机构轴承损坏，现场无法处理，故采用返厂检修。2023 年 4 月 25 日，并容 3P88 开关手车返厂检修，修后照片如图 1-115和图 1-116 所示，之后现场调试正常，后恢复正常运行。

图 1-115　合闸线圈更换后照片　　　　图 1-116　主轴轴承检修后照片

5．综合分析

　　并容 3P86 开关 3AV3 弹簧操动机构投运日期为 2019 年 1 月 23 日，至故障时才运行4 年，且开关机构动作次数为 611。经轴承外观观察，轴承内部分弹珠已碎，分析原因为该 3AV3 弹簧操动机构主轴轴承因质量问题导致内部部分弹珠碎裂，储能行程开关侧主轴偏离轴承中心升高，储能过程主轴凸块提前顶到储能行程开关，使储能行程开关提前动作断开储能控制回路，导致机构未储能到位，机构接收到合闸命令后合闸线圈长期励磁致使合闸线圈烧损。

6. 后续措施

（1）结合某变年度综合检修对所有 3AV3 弹簧操动机构的主轴及轴承开展排查。

（2）建议运检班配备 35kV 开关分合闸线圈备品，提升应急处置效率。

（3）加强开关专业知识培训，储能位置、手车摇进摇出位置的机械判断需提高。

二、灭弧室（极柱）故障

案例一　装配错误

1. 异常概况

4 月 4 日 17 时 50 分 28 秒，110kV 某变 10kV Ⅰ段母线 A 相接地，1.8s 后 10kV 3 号母分开关故障。10kV 2 号母分保护动作，10kV 2 号母分开关跳闸，10kV Ⅳ段母线失电。1 号主变第一、二套低压后备保护动作，1 号主变 10kV 开关跳闸，10kV Ⅰ段母线失电。

2. 设备信息

10kV 3 号母分开关柜，柜内断路器为 HVX12-40-40 产品，2019 年 4 月投运。某变 10kV 3 号母分开关上一次检修日期为 2021 年 10 月，数据合格。

上一次带电检测情况：2022 年 12 月对站内 10kV 开关柜设备开展带电检测，检测结果均无异常。

3. 异常发现过程

4 月 4 日 17 时 50 分 28 秒，110kV 某变 10kV Ⅰ段母线 A 相接地，1.8s 后 10kV 3 号母分开关故障。

4. 现场检查及处置情况

现场检查发现 10kV 3 号母分开关柜、10kV 3 号母分开关柜与 10kV 3 号母分闸刀柜之间母线桥受浓烟侵蚀熏黑（见图 1-117），结合故障录波信息，判定短路故障设备为 10kV 3 号母分开关柜，其余设备无明显异常。

图 1-117　开关柜及上方母线桥架受损情况

对 10kV 3 号母分开关柜断路器仓、母线仓、铜排联络仓、二次仓等各功能仓内元件进行外观检查，发现断路器仓有明显的烧蚀、熔化、炭黑痕迹，母线仓、铜排联络仓、二次仓内侧及元件均有烟熏炭黑痕迹，无明显熔化痕迹，明确故障点位于断路器仓，如图 1-118、图 1-119 所示。

图 1-118　开关柜断路器仓及小车外观检查

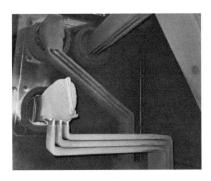

图 1-119　开关柜母线仓、铜排联络仓、二次仓外观检查

现场将故障开关柜隔离后，并经试验合格后，恢复 10kV Ⅰ段、Ⅳ段母线送电。

4 月 14-16 日，开展 10kV 3 号母分开关柜更换工作，完成 10kV 3 号母分开关至钱苑8723 线的连接母线铜排拼接，恢复变电站正常运行状态。

5. 综合分析

对开关柜及小车解体检查发现：10kV 3 号母分开关小车 A 相极柱金属散热片装配与 B、C 相有细微差异，A 相散热片受挤压变形、金属表面硫化层受损，如图 1-120 所示。对开关断口、相对地进行绝缘试验，结果良好，排除开关真空泡故障。散热片与开关柜活门挡板之间存在明显放电痕迹，确定该处为短路故障放电点，如图 1-121 所示。

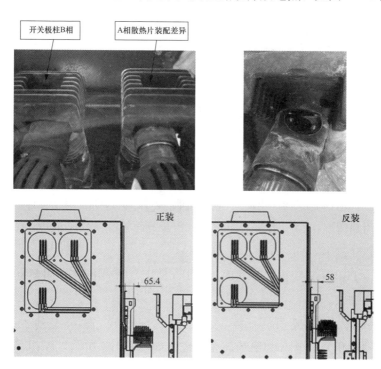

图 1-120 极柱金属散热片

图 1-121 开关柜内 A 相散热片及活门挡板放电痕迹

根据保护装置动作情况、故障录波信息及现场设备检查情况，综合判定本次故障原因为：110kV 某变 10kV 3 号母分开关小车 A 相极柱金属散热片厂内装配错误，硫化工艺受损，引起金属裸露，与连接圆盘接触面间隙一起引起场强畸变，加之对地绝缘距离缩短 7.4mm，不满足设计要求，产生绝缘薄弱点，引发本次故障。

6. 后续措施

(1) 厂家提供同型号同批次开关清单，并逐一排查。

(2) 研制模拟大电流开关柜柜体试验工装，开展开关小车对柜体耐压试验。厂内监造及现场交接验收加强散热片外观检查及其对地耐压试验见证。

案例二 电阻超标、绝缘筒裂纹

1. 异常概况

7 月 12 日，110kV 某变检修时发现并容 B508 开关 A 相回路电阻超标，且绝缘筒存在裂纹，存在重大隐患。现场解体检查发现，开关上触头内存在异物，紧固螺丝无法拧紧，造成回路电阻超标，导电回路发热，长时间运行加快绝缘筒老化、出现裂纹。

2. 设备信息

设备型号 ZN63A-12T/1250-31.5，投运时间 2001 年 10 月，上次检修时间 2021 年 1 月。历史发生消缺情况：2018 年 6 月并容 B508 开关面板脱落缺陷处理。

3. 异常发现过程

7 月 12 日，110kV 某变检修时发现并容 B508 开关 A 相回路电阻超标，且绝缘筒有裂纹，存在重大隐患。

4. 现场检查及处置情况

现场检查发现开关手车 A 相绝缘筒有裂纹，如图 1-122 所示，A 相回路电阻测量值如图 1-123 所示。

图 1-122 开关手车 A 相绝缘筒

对并容 B508 开关 A 相导电臂解体后，发现开关上触头孔内有异物，导致螺丝无法拧到底，使得接触面压力不足，回路电阻值超标，如图 1-124 所示。

并容B508开关A相处
理前整体回路电阻

图 1-123 A 相回路电阻测量值

并容B508开关上触头孔内有
异物，导致螺丝无法拧到底

图 1-124 触头孔内有异物

当流过大电流时，由于导电臂固定螺丝处接触面积小、回路电阻超标，造成导电回路发热量增加，引起绝缘筒自身温升增大，加快绝缘筒老化。除此之外，设备运行年限长，绝缘筒材料的绝缘性能、强度降低，在电动力的作用下使得绝缘筒出现裂纹。

现场更换导电臂、绝缘筒，测量回路电阻合格后，缺陷消除。更换前后导电臂如图 1-125 所示。

图 1-125 开关上触头导电臂

5. 综合分析

综合现场检查及解体情况，分析导致本次异常的原因为：开关上触头孔内有异物，导致螺丝无法拧到底，流过大电流时，由于导电臂固定螺丝处接触面积小、回路电阻超标，造成导电回路发热量增加，引起绝缘筒自身温升增大，加快绝缘筒老化，造成绝缘筒出现裂纹。

6．后续措施

（1）结合大修对同型号开关设备进行排查，针对性检查绝缘筒、梅花触头弹簧的状态。

（2）对同型号开关设备导电臂连接板进行整改。

案例三 极柱漏气

1．异常概况

1月6日，220kV某变监控后台上报并容3E53开关SF_6压力低闭锁。现场检查发现，开关极柱气室内SF_6气体接近为零，整体更换极柱后缺陷消除。

图1-126 现场检查情况

2．设备信息

并容3E53开关型号HD4/Z4012-31。投运时间2016年9月27日。上次检修时间2018年9月11日。历史发生消缺情况：曾发生过并容3E37开关SF_6压力低闭锁。

3．异常发现过程

1月6日，220kV某变监控后台上报并容3E53开关SF_6压力低闭锁。

4．现场检查及处置情况

现场检查发现，开关极柱SF_6气体压力值几乎为零，如图1-126所示。

1月11日，待备品到达现场后，对极柱进行更换。将漏气极柱拆除后，检查极柱外观、上下导电臂连接处，如图1-127所示，发现下导电臂处未进行胶封堵，长时间运行可能造成漏气。

极柱更换后对并容3E53开关进行分闸测试、合闸测试、回路电阻测量，均符合要求。对极柱SF_6压力值测量，A、B、C三相极柱表压（相对压力）分别为0.47MPa、0.45MPa、0.45MPa（见图1-128），符合铭牌数据要求。

5．综合分析

综合现场检查及解体过程，本次极柱漏气的原因为：极柱下导电臂处未进行胶封装，长时间运行可能造成SF_6气体泄漏。由于极柱为环氧树脂浇筑，进一步检查分析需返厂进行。

6．后续措施

（1）对并容3E53开关持续跟踪SF_6气体压力值变化，确保极柱SF_6压力正常，可靠灭弧。

（2）对该型号开关开展排查，结合综合检修，检查极柱 SF_6 气体压力值。

图 1-127　旧极柱导电臂连接处

图 1-128　新极柱压力值

三、一次回路故障

案例一　绝缘距离不足

1. 异常概况

6 月 24 日 13 时 53 分 36 秒，220kV 某变某线保护动作，1 号主变第一套、第二套差动保护动作，35kV 母差保护动作，某线开关跳闸，1 号主变三侧开关跳闸，35kV Ⅰ 段母线上的开关均跳开。现场检查发现，绝缘隔板长期运行老化，绝缘下降，由于过电压导致绝缘击穿。

故障发生时，现场天气雷雨，当日站内没有检修工作。

2. 设备信息

1 号主变型号 SFSZ9-240000/220，2015 年 12 月生产，2016 年 12 月投运，最近一次检修时间是 2018 年 5 月。

1 号主变 35kV 隔离开关柜型号 ASN1-40.5，2016 年 6 月生产，2016 年 12 月投产。最近一次检修时间是 2019 年 1 月，最近一次带电检测时间是 2020 年 6 月，数据无异常。

3. 异常发现过程

6 月 24 日 13 时 53 分 36 秒，220kV 某变某线保护动作，1 号主变第一套、第二套差动保护动作，35kV 母差保护动作，某线开关跳闸，1 号主变三侧开关跳闸，35kV Ⅰ段母线上的开关均跳开。

4. 现场检查及处置情况

现场检查 1 号主变 35kV 隔离开关柜母线仓、隔离手车仓泄压盖板，如图 1-129 所示。1 号主变 35kV 隔离开关柜内下穿进线母排烧损，1 号主变隔离手车 A、B 相触头被熏黑，主变进线母排与母线之间的两块绝缘隔板间冲开，母线仓与电缆仓之间金属隔板冲开。

图 1-129　现场检查情况

5. 综合分析

根据设备检查情况及保护信息，故障引起引线仓压力增大冲开引线仓与母线仓间绝缘隔板，电弧受冲开气流影响，引线仓内的 BC 相相间短路，1号主变隔离柜内 B 相引下线与 35kV Ⅰ段母线 C 相铜排短路（见图 1-130），放电电流从主变 B 相引下线流经 35kV Ⅰ段母线 C 相铜排，流经主变 35kV 主变开关柜和隔离柜 C 相流变后与主变 C 相引下线形成短路回路。此时 35kV 母线保护判断为 C 相发生区内故障，保护动作，跳开 35kV Ⅰ段母线上所有间隔。因引线仓的 AB 相间短路持续时间比引线仓内的 BC 相间短路拉弧持续时间长，高温电弧造成静触头盒和隔离手车 A、B 相熏黑比 C 相严重。

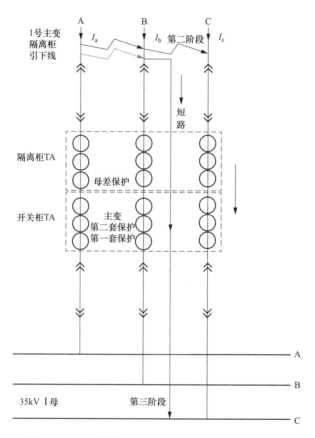

图 1-130　1号主变引下线与 35kV 母线短路故障点

该故障暴露问题：

（1）紧凑型开关柜绝缘裕度不足。35kV 主变隔离柜进线引下线相间距 235mm，相间及相对地均采用绝缘隔板，进线引下线与母线距离 380mm，中间隔断也只能采用绝缘隔板。绝缘隔板长期运行老化，绝缘下降明显。在绝缘距离不足且隔板老化后，过电压将引起绝缘击穿。

（2）开关柜主变引线仓与母线仓绝缘隔板强度不足，主变引线仓没有独立泄压通道，引线仓或母线仓故障易引起相邻仓室故障。另外，出于作业风险考虑，主变或母线单独停役，均不能对隔离柜内引线仓或母线仓进行检修，易造成隔离柜内主变引下线检修检查不到位情况。

（3）主变桥架及引线仓因空间原因，不便布置加热器等防潮装置，仓内湿度较其他仓室要高，因此主变桥架及引线仓绝缘件较其他仓室绝缘件老化速度更快。

6. 后续措施

（1）加强开关柜源头控制，对新进开关柜严控柜宽要求，保证相间和相对地距离，严禁使用绝缘隔板。

（2）对 1200mm 35kV 开关柜逐步列入改造计划，并缩短停电检修周期，更换性能下降的绝缘件。加强开关柜带电检测，重点关注类似布置隔离柜下引线局部放电测试工作，必要时申请主变和 35kV 母线同时停役检查处理。对有条件新建变电所建议设置 220kV 变压器低压侧独立 35kV 隔离开关，便于今后检修工作。

（3）进一步改善开关柜内微环境，柜内加装除湿小空调，进一步研究开关柜仓内布局，探索在引线仓加装加热器方式。

案例二 回路放电

1. 异常概况

12 月 1 日 02 时 17 分，110kV 某变 1 号主变差动保护动作导致 1 号主变停运，保护装置显示差动速断、比率差动保护动作、AC 相短路故障。经检查 1 号主变 10kV 过渡触头柜下柜内存在明显放电现象，A、C 相有明显电灼烧痕迹。

2. 设备信息

1 号主变 10kV 过渡触头柜型号为 KYN44-12（Z），出厂日期为 2003 年 12 月，于 2004 年 9 月投运，上次检修日期 2016 年 3 月。

3. 异常发现过程

12 月 1 日 02 时 17 分，110kV 某变 1 号主变差动保护动作导致 1 号主变停运，保护装置显示差动速断、比率差动保护动作、AC 相短路故障。

4. 现场检查及处置情况

现场将 1 号主变 10kV 过渡触头柜后柜门打开，检查发现柜内母排与柜体侧面及底面均有明显的放电痕迹，A 相电流互感器屏蔽层的等电位连接线从与母排固定处脱落，如图 1-131 所示。

现场对 1 号主变进行取油样检测及短路阻抗、绕组变形等试验，试验结果合格，主变状态良好未受损；对 1 号主变 10kV 过渡触头柜内的 A、C 两相电流互感器特性进行测试，测试数据在合格范围内，证明电流互感器完好。

重新制作、加装 A 相电流互感器屏蔽层与母排等电位连接线，紧固柜内松动的三相静触头螺丝，清洁处理柜内三相母排表面放电痕迹，并重新采用热缩绝缘套包裹，在各相母排终端及拐角处加装绝缘盒，如图 1-132 所示。

图 1-131　柜内放电痕迹

图 1-132　等电位连接线及母排

5. 综合分析

综合现场检查及检修过程，本次故障的原因为：A 相静触头明显松动，母排长期运行在发热及振动工况下，导致 A 相电流互感器屏蔽层与母排等电位连接线受力断裂。等电位线上端从 A 相电流互感器脱落后由于惯性作用而晃至靠近 C 相母排裸露位置处，造成 A、C 两相带电体间距不足，从而导致相间短路。

6. 后续措施

（1）综自改造和综合检修，全面开展某变 10kV 开关柜母排绝缘情况，电流互感器等绝缘件等电位连接情况，导电回路发热情况排查治理，彻底消除类似隐患。

（2）要加强验收和检修质量把关，等电位线检查和导体裸露问题处理纳入开关柜重点检查项目管控，在检修、验收时严格执行到位，消除隐患。

（3）加强开关柜带电检测工作，提升开关柜柜体异常分析能力，确保柜体内部发热和放电问题早发现早处理，严防问题恶化。

案例三 凝露、绝缘距离不足

1. 异常概况

3 月 2 日 02 时 09 分，220kV 某变 20kV Ⅳ母母差动作（I_{da}21.25A、I_{db}20.96A、I_{dc}0.05A），跳开 20kV 2 号母分开关，20kV Ⅳ段母线失电（20kV Ⅳ段母线上相关出线 3 月 1 日上午已停役）。运检人员现场检查发现 20kV Ⅳ段母线压变手车触头有放电迹象。

2. 设备信息

20kV Ⅳ段母线压变柜型号 UR4，20kV Ⅳ段母线压变手车型号 NVUM-24，制造日期 2011 年 9 月，投运时间 2012 年 3 月，上次检修时间 2016 年 1 月。该站 2019 年前曾因电缆沟封堵不良引起部分开关柜出现凝露情况。

3. 异常发现过程

3 月 2 日 02 时 09 分，220kV 某变 20kV Ⅳ母母差动作，跳开 20kV 2 号母分开关，20kV Ⅳ段母线失电。

4. 现场检查及处置情况

现场检查发现 20kV Ⅳ段母线压变柜前后门均被弹开，无法关闭。将设备改为检修状态后，检查 20kV Ⅳ段母线压变手车 A、B 相动触头有明显的放电痕迹，绝缘挡板脏污。压变柜内 A、B 相静触头有放电痕迹，A 相触头有放电迹象。母线压变手车触头表面有铜绿，如图 1-133 所示。

图 1-133　母线压变手车

进一步检查发现，20kV Ⅳ段母线压变手车 A 相触臂与绝缘挡板间有明显的放电击穿痕迹，绝缘挡板开孔较小，绝缘挡板孔径边缘与触臂间隙约为 5mm，如图 1-134 所示。20kV Ⅳ 段母线压变手车上 B、C 相避雷器外绝缘有电弧痕迹。

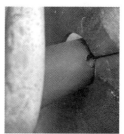

图 1-134　A 相触臂放电击穿

现场检查 20kV Ⅳ 段母线压变柜内温湿度控制器、加热器工作正常工作，20kV 开关室智能环境控制装置显示湿度为 31%。

对 20kV Ⅳ 段母线避雷器及母线电压互感器进行诊断性试验，试验合格。现场对 20kV Ⅳ 段母线压变柜触头盒进行更换，对柜体进行清扫处理后，20kV Ⅳ 段母线耐压试验合格，具备送电条件。3 月 3 日 3 点 32 分，某变 20kV 设备除 20kV Ⅳ 段母线压变外其余设备均已复役。

5. 综合分析

综合现场检查并结合历史故障记录情况，认为本次故障原因为：压变手车触臂与绝缘挡板间，因绝缘挡板开孔过小，与压变手车触臂的距离过近，最小处间隙仅为 5mm，同时该站 20kV 设备 2012 年投运，已运行 12 年，部分绝缘挡板由于前期凝露影响存在绝缘劣化情况，引起手车触臂对绝缘挡板放电击穿。A 相触臂通过绝缘挡板向 B 相触臂爬电拉弧，造成 AB 相间故障，A、B 相动静触头处放电烧蚀，同时电弧通过 20kV Ⅳ 段母线压变 B、C 相避雷器、支持瓷瓶对压变手车侧面及开关柜放电，造成 20kV Ⅳ 母母差保护动作，跳开 20kV 2 号母分开关。

6. 后续措施

（1）对 20kV Ⅰ 段、Ⅱ 段、Ⅲ 段母线压变手车绝缘挡板进行更换，并对绝缘挡板触臂开孔进行改进，在保证设备绝缘强度的情况下增大绝缘挡板与触臂边缘间隙。

（2）需对 20kV 母线压变手车进行排查，如有类似结构，建议设备生产厂家对绝缘挡板进行更换和改进。

四、二次回路故障

案例一　高压串入低压

1. 异常概况

8 月 24 日，220kV 某变多间隔上报大量异常信号，怀疑交直流系统有异常，同时 10kV Ⅱ 乙母线伴有接地现象。配调发令转移 10kV Ⅱ 乙母线上 6 条线路负荷后，拉开 2 号主变 10kV Ⅱ 乙开关隔离故障，10kV Ⅱ 甲母线电压恢复正常。10kV Ⅱ 乙母线压变柜故障。经检查分析确认交流高压侵入第二套直流相关回路及装置，可能受影响的各电压等级二次设备（保护、合并单元、智能终端、合智一体、测控）共 70 台，其中明确已有损坏的共 18 台（220kV 5 台，10kV 13 台）。

2. 设备信息

10kV Ⅱ 乙母线压变避雷器柜型号 KYN28A-12，2018 年 4 月生产，2018 年 11 月投产。最近一次检修时间是 2020 年 4 月。

3. 异常发现过程

8 月 24 日，220kV 某变多间隔上报大量异常信号，怀疑交直流系统有异常，同时 10kV Ⅱ 乙母线伴有接地现象。

4. 现场检查及处置情况

拉出 10kV Ⅱ 乙母线压变熔丝手车后发现，压变熔丝手车二次捆扎线移位后与压变熔丝手车 B 相一次裸露导体直接接触，压变熔丝手车二次捆扎线出厂时未设计固定点，长时间运行后可能因振动移位（图 1-135 左侧箭头为原二次线布线方向，靠向面板底部），导致与 10kV Ⅱ 乙 B 相接触，同时引起高低压交直流串接，导致 10kV Ⅱ 乙母线压变柜内手车及压变故障。

检查压变熔丝手车二次回路，该段二次线涉及 4 个压变各绕组二次回路（10kV Ⅱ 乙交流电压），压变手车位置等信号回路（直流 Ⅱ），对二次系统造成较大影响。

5. 综合分析

根据现场检查情况，初步判断故障原因为压变熔丝手车二次捆扎线出厂时未合理设置固定点，压变熔丝手车二次捆扎线移位后与压变熔丝手车 B 相一次裸露导体直接接触。短路故障二次线涉及 4 个压变各绕组二次电压回路（10kV Ⅱ 乙交流电压）和压变熔丝手

图 1-135 二次捆扎线移位后与手车 B 相一次裸露导体直接接触

车位置信号回路（直流Ⅱ）。造成压变空开跳开，母线压变计量、零序等二次绕组承受高压过热炸裂。同时，一次高压电串入第二组直流系统，造成相关二次设备受损。

6. 后续措施

排查该型号设备，结合检修停电进行隐患整治。针对性更换异常电源板、开入开出插件、继电器、蓄电池等元件、设备。

案例二 拒分

1. 异常概况

9月 19日 10时 53分，110kV 某变同杆架设的两条线路同时发生永久性三相短路故障跳闸。其中某线路开关第一次正确跳闸且重合，重合于故障后加速动作过程中，因串在开关跳闸回路中的位置辅助接点不导通，导致开关分闸失败。随即 1号主变 10kV 后备保护动作并闭锁 10kV 母分备自投，跳开 1号主变 10kV 开关，致 10kVⅠ段母线失压。

2. 设备信息

设备型号 VB5-12/1250-31.5，编号 07209，上次检修时间为 2013年 10月。

3. 异常发现过程

9月 19日 10时 53分，110kV 某变同杆架设的两条线路同时发生永久性三相短路故障跳闸。

4. 现场检查及处置情况

某线改开关及线路检修后，检修人员经就地操作 KK 把手不能对开关进行分闸，测量电位后发现跳闸回路不通。进一步检查发现，开关内辅助开关串入跳闸回路的动合接点不通（见图 1-136），导致开关合上后跳闸回路不通，造成开关拒分。辅助开关接点原理图见图 1-137。

因缺少备件，检修人员现场将传入分闸回路的 A4/2、X0/7 接线移至 S11 备用接点43、44，同时为保证设备运行可靠性，将 S11 的 43、44 与 S23 的 13、14 并接，相当于两个辅助开关的两个动合接点并联后接入分闸回路。

图 1-136　动合接点

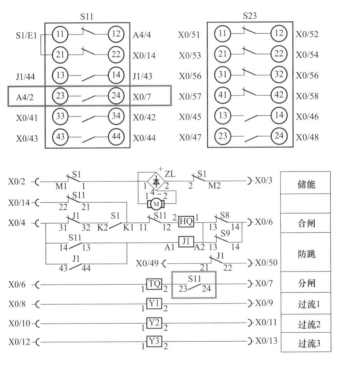

图 1-137　原理图

更改回路后，就地分合闸开关十余次无异常，保护装置加量传动开关无异常。开关机构修复完毕，对 1 号主变油色谱试验，数据无异常。恢复设备正常运行。

5. 综合分析

经现场检查分析，造成本次故障原因为开关内辅助开关串入跳闸回路的动合接点不通，导致开关合上后跳闸回路不通，造成开关拒分。进而跳开 1 号主变 10kV 开关，致 10kV Ⅰ 段母线失压。

6. 后续措施

（1）尽快采购同型号的备品，待备品到货后结合停电进行更换；更换后将损坏辅助开关进一步拆解，查看其损坏原因。

（2）对公司范围内同厂家、同型号开关的存量情况进行摸排，对相关隐患进行排查。对同批次辅助切换开关进行检查，对运行状况不良的进行更换。

五、柜体故障

案例一　开关仓挡板安装错误

1. 异常概况

2 月 4 日，监控后台收到 110kV 某变 1、2 号主变保护动作，1 号主变 10kV 开关跳闸，2 号主变 10kV Ⅱ 段开关跳闸。现场检查发现 10kV Ⅰ、Ⅱ 段母分开关柜开关仓、仪表仓及 10kV Ⅰ、Ⅱ 段母分 Ⅱ 段插头柜仪表仓损坏，如图 1-138 所示。

图 1-138　现场情况

2. 设备信息

开关柜型号 KYN28A-12，生产日期 2016 年 7 月，上次检修时间 2020 年 1 月，上次带电检测时间 2021 年 4 月，检测结果无异常。

3. 异常发现过程

2 月 4 日，监控后台收到 110kV 某变 1、2 号主变保护动作，1 号主变 10kV 开关跳闸，2 号主变 10kV Ⅱ段开关跳闸。

4. 现场检查及处置情况

现场检查发现 10kV Ⅰ、Ⅱ段母分开关手车开关上导电臂 A、B 两相散热片出现明显烧融，Ⅱ段侧 A、B、C 三相触头导电臂均烧融（见图 1-139）。开关仓内挡板烧融，触头盒固定隔板处烧灼。

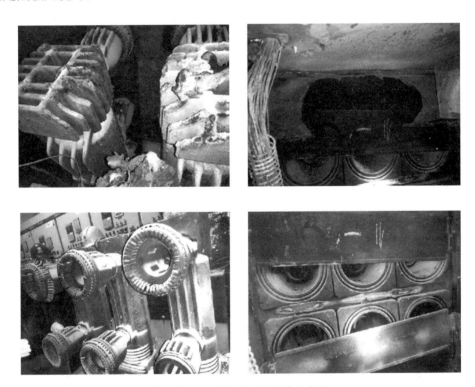

图 1-139　10kV Ⅰ、Ⅱ段放电痕迹

现场将 10kV Ⅰ、Ⅱ段母分插头柜暂时拆除，相邻 10kV Ⅱ段母线压变柜母线仓封闭，10kV Ⅱ段母线检查无异常后通过 2 号主变 10kV Ⅱ段开关送回，拆除 10kV Ⅲ、Ⅳ段母分开关柜和母分插头柜，代替原 10kV Ⅰ、Ⅱ段母分开关及母分插头。

5. 综合分析

检查发现事故开关柜内开关仓挡板安装方向与正常间隔的挡板安装方向相反，散热片距挡板间距仅为 1.5cm（见图 1-140）。2 月 4 日上午Ⅰ段母线的 10kV 某线曾发生 C 相单相接地故障，母线 B 相电位升高，散热片的外绝缘层产生损伤，切除接地故障恢复正常相电压后其绝缘强度仍持续劣化，至 2 月 4 日 13 时 45 分发展至 B 相上导电臂散热片对挡板放电接地，16 时 7 分扩大至相间短路，1 号主变 10kV 开关跳闸，短路电弧引起手车下导电臂（10kV Ⅱ段母线侧）短路，2 号主变 10kV Ⅱ段开关跳闸。

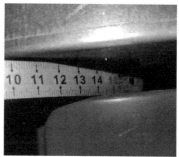

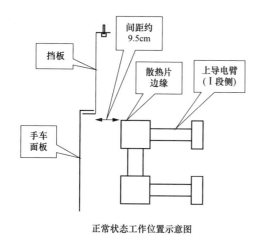
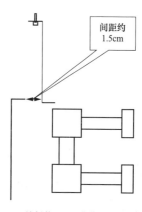

图 1-140 挡板示意图

6．后续措施

（1）评估挡板的实际作用，讨论取消挡板可行性。

（2）对同型号开关柜开展排查，若有同类问题应立即整改。

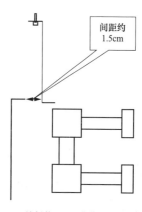案例二 静触头盒放电

1．异常概况

5月8日，运维班值班人员在220kV某变1号主变35kV特巡检查过程中听到柜内有疑似放电声，将35kV开关室内3台空调、4台除湿机全部关闭后，放电声更加明显。值班人员通过局部放电检测发现1号主变35kV开关柜TEV、超声波异常，通知检修人员到现场进行复测。检修复测确认1号主变35kV开关柜TEV及超声波均异常偏高，且该间隔周边相邻开关柜TEV值均偏高。

2．设备信息

35kV Ⅰ段母线开关柜型号为KYN-40.5，生产日期2012年9月，投运日期2012年12月。

35kV Ⅱ段母线开关柜，生产厂家为某公司，型号为 ZS3.2 生产日期 2011 年 11 月，投运日期 2012 年 5 月。1 号主变 35kV 断路器上次检修时间为 2017 年 11 月，35kV Ⅰ、Ⅱ段母线上次检修时间为 2018 年 3 月，35kV 开关柜上次局部放电测试时间为 2020 年 3 月 6 日，情况正常。

3. 异常发现过程

5 月 8 日，运维班值班人员在 220kV 某变 1 号主变 35kV 特巡检查过程中听到柜内有疑似放电声，将 35kV 开关室内 3 台空调、4 台除湿机全部关闭后，放电声更加明显。

4. 现场检查及处置情况

通过局部放电检测结果分析，初步怀疑放电点在 1 号主变 35kV 开关柜与方阳 3673 线开关柜间穿柜套管或者 1 号主变 35kV 开关柜静触头盒内，为确保后续处理方案更合理，需要更精准定位放电点。现场检修人员通过将验电小车推入 1 号主变 35kV 开关柜，使静触头盒挡板打开，并关闭室内、室外所有照明设备，观察发现 A、B 相上触头盒间隙处有明显放电，如图 1-141 所示。

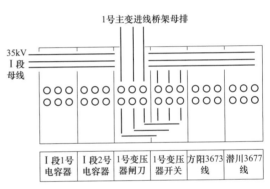

图 1-141　1 号主变 35kV 开关柜放电现象及开关柜布置图

现场对 1 号主变 35kV 开关柜静触头盒进行检查，结构如图 1-142～图 1-144 所示，触头盒表面积灰严重，相间间隙存在明显放电点。

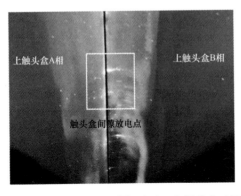
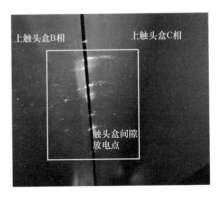

图 1-142　上触头盒 ABC 相间间隙放电痕迹

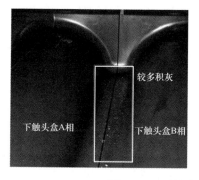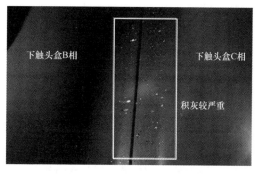

图 1-143 下触头盒 ABC 相间间隙处积灰较严重

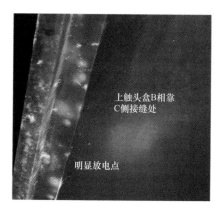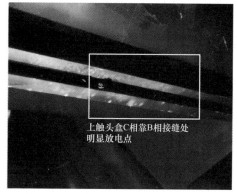

图 1-144 上触头盒 BC 相间间隙放电较明显

5月9日，完成静触头盒及穿柜套管更换后，进行耐压试验及接触电阻测量，试验情况正常。

为确认其余间隔是否存在类似1号主变35kV开关柜放电隐患，对35kV Ⅰ段母线其余间隔改为开关及线路检修状态，对所有开关柜静触头盒及其余绝缘件进行检查，未发现明显放电现象。检测发现1号主变35kV变压器闸刀柜存在局放超标现象，同步进行检查更换。

5. 综合分析

（1）根据现场检查情况分析，该型号开关柜为 1200mm 小型化开关柜，相间空气净距离为 210mm，静触头盒紧密连接，连接处存在较小空气间隙，两相间电场在此处叠加，形成不均匀磁场，极易吸附灰尘等，降低触头盒表面绝缘性能，从而造成空气间隙放电。

（2）该型号开关柜静触头盒为单屏蔽筒状结构，内壁电场分布效果较好，不易吸灰，但内壁屏蔽网浇注在表面，表面不平整，存在放电隐患，且相间距离较近时，相邻的两相触头盒屏蔽层外电场分布改变，易发生空气间隙放电。

（3）该变电站位于山区，三面环山，常年空气湿度较高，加上近期雨水较多，湿度加大，尤其5月7日1号主变停役当天，该地区下大雨，户外空气湿度95％以上，操作时开关室门经常开关，导致室内局部区域湿度增大（接近80％，1号主变开关柜靠近门口），加上主变停役后主变开关柜无负荷，温度降低较快，更易引起绝缘件吸潮，从而降低绝缘件绝缘性能，增大局部放电的可能性。

6. 后续措施

（1）将拆下的触头盒送检电科院，深入分析该批次产品结构设计和工艺缺陷。

（2）针对早期绝缘件屏蔽层可能存在浇注工艺欠缺导致局部放电问题，要求各单位对未大修且运行时间超过6年的开关柜绝缘件加强专业特巡和带电检测工作，特别是1200mm柜。针对山区高湿区域的开关柜局部放电检测应缩短周期，雨季每月开展一次暂态地电压和超声波局部放电检测。

案例三 开关柜放电缺陷

1. 异常概况

9月20日，110kV某变2号主变复役过程中，发现2号主变35kV开关柜后柜有异常放电现象。

2. 设备信息

2号主变35kV电流互感器型号LZZB11-35GYW1。投运时间2007年5月30日，上次检修时间2022年9月17日。

3. 异常发现过程

9月20日，110kV某变2号主变复役过程中，发现2号主变35kV开关柜后柜有异常放电现象。

4. 现场检查及处置情况

现场将流变与电缆之间搭头解开，对三相流变逐一进行耐压试验，因考虑到开关柜上触头母线带电，对流变预加电压30kV（运行相电压20.2kV），观察发现B相流变上层裙边与C相流变之间的挡板间存在沿面放电现象。

检查发现B相流变表面存在浇筑脱模后残留的棱角；B相流变上层裙边与BC相流变间挡板的距离过近，空气间隙较小。

检修人员利用0号砂纸对B相流变表面凸起的棱角进行打磨，并用酒精进行擦拭，使其表面光滑无棱角。将BC相流变间的挡板下沿（靠近B相流变上层裙边处）进行切割处理，切割5cm使挡板下沿略高于流变裙边，并保持足够空气间隙距离。B相流变整改前后对比图如图1-145所示。对AB相流变间挡板也进行相应处理。

5. 综合分析

通过试验及现场检查分析，B相流变表面存在浇筑脱模后产生的棱角，棱角方向与放电通道基本一致，同时B相流变上层裙边与BC相流变之间的挡板距离过近，空气间隙较小，导致裙边棱角与挡板间缝隙处电场集中，在运行电压作用下，该处表面形成贯穿性导电通道，产生沿面放电。

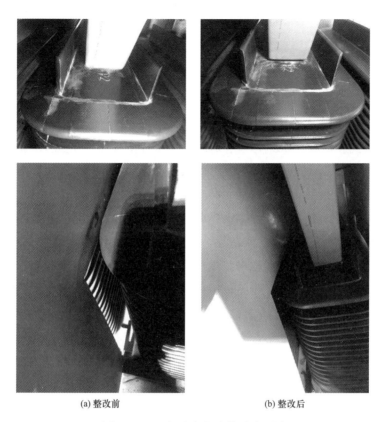

(a) 整改前　　　　　　　　　　(b) 整改后

图 1-145　B 相流变整改前后对比图

　　开关柜内流变在长期运行过程中，流变表面附着较厚灰尘，将浇注脱模形成的棱角包覆，起到极好的均匀表面电场的作用，因此在例行试验耐压过程中，未发现沿面放电现象。但检修人员在对流变表面进行擦拭后，去除表面灰尘，使棱角突出，改变了流变表面形状，进而改变表面电场分布，使棱角处电场集中形成沿面放电通道。

　　6. 后续措施

　　（1）结合检修工作，排查开关柜内流变浇筑情况，对由浇筑脱模产生的棱角进行打磨，使其表面光滑无棱角。

　　（2）再次校核流变与挡板间距离，使流变上层裙边与挡板间间隙保持足够距离，又不影响相间绝缘。

　　（3）加强巡视，通过带电检测检查开关柜是否存在异常。

第四节 隔 离 开 关

一、操动机构故障

案例一 辅助开关拨叉断裂

1. 异常概况

12 月 6 日，220kV 某变某线倒母线操作时，由正母运行改副母运行过程中副母闸刀合闸后实际位置到位，但 220kV 母差、后台均显示分位且现场无法分闸操作。现场检查发现，闸刀机构内辅助开关拨叉断裂，导致位置信号未切换。

2. 设备信息

设备型号 PR21-MH31，投运日期 2006 年 1 月。上次检修时间 2017 年 4 月。

3. 异常发现过程

12 月 6 日，220kV 某变某线倒母线操作时，由正母运行改副母运行过程中副母闸刀合闸后实际位置到位，但 220kV 母差、后台均显示分位且现场无法分闸操作。

4. 现场检查及处置情况

检修人员到现场后检查发现某线副母闸刀机构箱内辅助开关拨叉断裂（见图 1-146），辅助开关未切换到位，导致位置信号未切换，现场调整机构箱齿轮位置并更换辅助开关拨叉后设备恢复正常。

图 1-146　隔离开关机构及辅助开关拨叉

5. 综合分析

结合现场检查分析，本次故障的原因可能为：

（1）辅助开关拨叉材质性能不良，运行一段年限后性能下降，导致操作过程中发生断裂。

（2）闸刀机构箱安装时垂直连杆与机构箱位置对中不严密，导致操作过程中齿轮、拨叉等机械部件存在应力，长时间运行后可能会导致拨叉等较脆弱部件断裂。

（3）在闸刀操作过程中，如果操作顺序有问题，比如上次操作的行程没有走完就开始新的操作，造成角度差，在中间行程转入过行程时拨叉导入有偏差，造成拨叉断裂。

6. 后续措施

（1）将断裂的拨叉送至相关部门进行材质分析。

（2）加强该类型隔离开关的维护，特别是传动部位及轴承的检查，防止对中不严密导致机械部件的断裂。

（3）对运维及检修到位进行技术宣贯，明确 PR 闸刀操作顺序，防止操作失误导致拨叉断裂。

案例二 机构电机停转

1. 异常概况

12 月 9 日，220kV 某变某副母闸刀电动合闸不到位，现场检查发现闸刀合闸至半分半合位置时，电机停转。随后尝试手动分合闸，动作正常。手动摇过半分半合位置后，再电动合闸时，合闸成功。

2. 设备信息

设备型号 GW46-252DW，额定电压 252kV，额定电流 2000A，出厂编号 201393，制造年月 2013 年 8 月，投运日期 2013 年 12 月 16 日。

3. 异常发现过程

12 月 9 日，220kV 某变某副母闸刀倒闸操作过程中电动合闸不到位，现场检查发现闸刀合闸至半分半合位置时，电机停转。

4. 现场检查及处置情况

检修人员到现场检修，电动合闸至半分半合位置时电机声音出现异常，之后出现电动机空开跳闸以致停机。随后尝试手动合闸，手动合闸过程中前半段手动摇力较轻，后半段手动摇力较重，存在轻微卡涩现象，但能合闸到位。电动分闸后，重新电动合闸时仍出现上述现象。因 220kV 副母线带电运行，现场无法登高检查主导电回路和相间连杆等情况，故手动摇过半分半合位置后，再进行电动合闸，合闸正常，恢复运行。

5. 综合分析

检修人员与闸刀厂家技术人员交流存在异常的可能性。厂家认为闸刀主刀电动机构一般配置的电机功率为 750W，地刀配置的电机功率为 550W，但现场检查发现该闸刀的电机功率为 550W，存在功率偏小的原因，且电机热保护器已经调整至最大值，可以排除电机热保护器故障可能性，因此在闸刀合闸的过程中电机逐步出现声音异常（越来越小），最后停机。

手动合闸卡涩的原因是：该闸刀上导电杆设计有平衡弹簧，其目的是抵消自身重力来减少合闸功，从手摇的阻力来看，弹簧压缩量已远远不够，存在压缩量偏小的可能性。

综合以上分析，可认为是由于机构电机功率偏小及平衡弹簧未调整到位导致闸刀合闸不到位。

6. 后续措施

（1）对于检修同型号闸刀时，加强对导电回路平衡弹簧的检查，包括锈蚀和压缩量情况，防止再次出现合闸不到位现象。

（2）要求厂家结合停电更换符合功率要求的电机。

（3）加强设备 6 年检修周期管控措施，合理安排停电检修计划，确保设备处于正常检修。

案例三 机构电机卡涩

1. 异常概况

4 月 7 日，运行人员在操作过程中发现 220kV 某变 2 号主变 220kV 正母闸刀手动电动均无法合闸。现场将电机拆下后，手动无法转动电机，判断是由于电机内部卡涩导致闸刀无法合闸。

2. 设备信息

正母闸刀设备型号 GW26-220W/1600，设备编号 02-60.04，投运时间 2003 年 7 月，出厂时间 2003 年 4 月。

图 1-147 电机内部卡死，无法转动

3. 异常发现过程

4 月 7 日，运行人员在操作过程中发现 220kV 某变 2 号主变 220kV 正母闸刀手动电动均无法合闸。

4. 现场检查及处置情况

现场将电机与传动齿轮脱开，脱开电机后闸刀能够正常手动操作，且现场试转动电机发现已经被完全卡死（见图 1-147）。因此，综合判断为闸刀电机卡死，导致闸刀无法动作。

现场对闸刀电机进行更换后，闸刀电动、手动操作均正常，缺陷消除。

5. 综合分析

该闸刀运行时间已将近 18 年，运行时间较长，电机内部可能存在电机过热、绝缘受潮等，最终致使电机卡死。

6. 后续措施

（1）排查同型号闸刀，结合大修进行手动电动分合闸。

（2）做好备品准备，结合大修对运行年限久的同型号电机进行检查，如有问题及时进行更换。

二、导电回路故障

案例一　静接线板发热

1. 异常概况

4月8日，运维人员开展设备主人带电检测工作，15时20分，巡视发现220kV某变某线路闸刀 A 相线路侧存在发热（A 相 104℃，B 相 25.1℃，C 相 24.1℃，负荷电流 75A），如图 1-148 所示。

图 1-148　红外测温图片

考虑 4 月 9-12 日，线路负荷电流预计增长到 400A，申请开关及线路检修，连夜对发热部位进行消缺处理。

2. 设备信息

线路闸刀设备型号 GW7B-252DD（G.W），出厂编号 K107982。生产日期 2010 年 8 月，上次检修日期 2019 年 3 月 29 日。上次测温时间 2020 年 3 月 16 日，测温正常。

3. 异常发现过程

4月8日，运维人员开展设备主人带电检测工作，15时20分，巡视发现220kV某变某线路闸刀 A 相线路侧存在发热。

4. 现场检查及处置情况

检修人员登高检查发现，某线路闸刀 A 相线路侧 L 形过渡板破裂。如图 1-149 所示，引线线夹通过 4 颗螺丝与 L 形过渡板的一面连接，L 形过渡板的另一面与静触头接线板连接。进一步检查 L 形过渡板断面发现存在明显的两处断痕，其中圈内的断面图较新，且存在由于过热造成的微溶现象。

图 1-149　L 型板位置断面图

现场更换备品备件后，回路电阻符合要求，缺陷消除。

5. 综合分析

该线路间隔仅 A 相有阻波器，见图 1-150。在以往台风时，发生过连接阻波器的 A 相导线将瓷瓶拉断的情况。

阻波器没有采用三串悬垂瓷瓶加固，当大风等极端天气，阻波器前后左右舞动造成 A 相线夹、L 形过渡板、静触头接线板之间受较大应力。特别是 L 形过渡板两端受力不同，其中折角处受力最大。

3 月 29 日，线路闸刀综合检修时，外观检查和回路电阻正常，在 2019 年 8-10 月数次强台风中，L 形过渡板已存在较大裂纹，但是由于未完全断裂，未发生发热，在 2020 年 3 月 22 日强对流天气中，L 形过渡板裂口进一步恶化，接触压力不足开始发热。

6. 后续措施

（1）开展全面红外测温检测，对类似薄弱环节进行重点检测。

（2）开展无人机检测，对关键薄弱部位进行 360°无死角检测，及时发现异常。

（3）梳理变电所内容易受极端天气影响的重点关注部位，在极端天气过后进行有针对性的专项巡视。

（4）梳理阻波器未加三悬垂瓷瓶固定的情况，结合检修进行加固和过渡板检查。

图 1-150 阻波器图

案例二 静触头发热

1. 异常概况

4 月 28 日 22 时 33 分，500kV 某变巡视发现某副母闸刀 B 相发热 164℃，如图 1-151 所示。现场紧急向调度申请线路拉停后冷倒至正母运行。

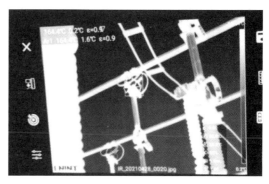

图 1-151 副母闸刀可见光及红外测温照片

2. 设备信息

副母闸刀型号 SPV，出厂日期 2003 年 1 月，投运日期 2005 年 11 月，上次检修日期 2016 年 5 月（副母Ⅱ段综合检修，SPV 闸刀上导电臂更换）。

3. 异常发现过程

4 月 28 日 22 时 33 分，500kV 某变巡视发现某副母闸刀 B 相发热 164℃。

4. 现场检查及处置情况

考虑设备发热温度较高，为避免长时间高温运行导致触头烧蚀，现场直接向调度申请拉停某线。

5. 综合分析

根据现场情况分析，初步判断该闸刀已合闸到位，但主刀的动静触头间可能存在部分夹紧力不足，导致动静触头间部分电流转移到动静触头引弧触指，使动静触头引弧形成接触性通流引起发热。

6. 后续措施

做好某正母闸刀及某1副母闸刀的跟踪测温，发现异常及时汇报。结合停电计划对副母闸刀进行处理。

案例三　异物

1. 异常概况

5月24日13时40分08秒，110kV某变2号主变第一套差动保护动作，跳开石画1439开关、110kV母分开关，2号主变10kV开关。110kV备自投、10kV母分备自投正确动作、线路重合闸动作，重合成功。现场检查发现，110kV母分Ⅱ段闸刀C相内侧有放电痕迹，导致其对地发生放电，保护动作跳闸。

2. 设备信息

线路闸刀设备型号GW4，出厂日期2012年2月。

3. 异常发现过程

5月24日13时40分08秒，110kV某变2号主变第一套差动保护动作，跳开石画1439开关、110kV母分开关，2号主变10kV开关。

4. 现场检查及处置情况

现场检查发现，110kV母分Ⅱ段闸刀C相内侧有放电痕迹，C相支柱瓷瓶底座、传动连杆存在放电与烧灼痕迹（见图1-152），瓷瓶表面无放电痕迹，闸刀下方存在若干炭化树枝。

检修人员对支柱瓷瓶表面、灼烧痕迹处用酒精进行擦拭。去除表面污渍后，对C相两只支柱瓷瓶进行绝缘电阻测试，试验结果分别为221GΩ、153GΩ，说明支柱瓷瓶绝缘良好，排除瓷瓶绝缘受损引起C相接地放电的可能。

综合分析并经专业判断，此次故障2号主变没有短路电流流过，2号主变设备状况良好，具备复役条件。110kV母分Ⅱ段闸刀分合试验正常，绝缘试验数据正常，具备复役条件。

5. 综合分析

结合一、二次设备检查情况、现场放电点痕迹及现场发现的散落碳化树枝，初步判断此次110kV某变2号主变第一套差动保护动作原因为：110kV母分Ⅱ段闸刀C相有飞鸟投掷潮湿树枝，导致C相地刀静触头对闸刀传动连杆放电，引起2号主变第一套差动

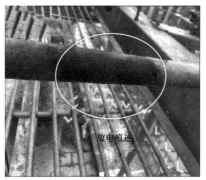

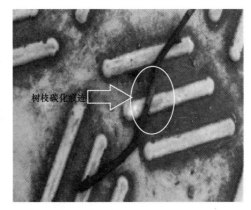

图 1-152　闸刀放电痕迹及异物

保护动作。

6. 后续措施

（1）组织开展变电站外防鸟害新技术等研究，提升本质安全水平。

（2）重点梳理和统计变电站周边鸟类频繁活动轨迹，针对性开展驱鸟、防鸟等补强性措施。

三、传动连杆故障

案例一　传动瓷瓶断裂

1. 异常概况

5 月 21 日，220kV 某变 220kV 副母线复役操作过程中，发现 C 相旋转绝缘子断裂。现场更换后，对断裂绝缘子进行检查，发现绝缘子缓冲层沥青未涂，长时间运行后，应力变大导致其断裂。

2. 设备信息

220kV 副母压变闸刀型号是 SPVT-252，2007 年 9 月 28 日投产，上次检修日期是

2016 年 11 月 3 日。

3. 异常发现过程

5 月 21 日，220kV 某变 220kV 副母线复役操作过程中，发现 C 相旋转绝缘子断裂。

4. 现场检查及处置情况

5 月 21 日，220kV 副母线复役操作过程中，220kV 副母压变闸刀 A 相和 B 相正常合闸，C 相合闸不到位（见图 1-153），现场检查发现闸刀 C 相旋转绝缘子底部断裂（见图 1-154）。

图 1-153　220kV 副母压变闸刀 C 相合闸不到位

图 1-154　C 相旋转瓷瓶底部断裂

备品到货后，检修人员现场更换旋转绝缘子，多次分合操作情况正常，无卡涩现象。

5. 综合分析

通过现场观察断裂面（见图 1-155）发现绝缘子沥青缓冲层未涂，初步判断该旋转绝缘子浇注工艺存在缺陷，在长期运行过程中，浇装部位渗水，应力变大导致副母压变闸刀合闸时旋转绝缘子断裂。

6. 后续措施

（1）将更换下的绝缘子送至相关检测部门进行孔隙性试验和扭转试验，进一步明确缺陷根本原因。

（2）检修过程中，加强设备支柱绝缘子检查力度，重点对绝缘子与法兰浇装处进行检查，对绝缘子法兰根部涂抹防水胶。

（3）对该型号的隔离开关绝缘子结合检修开展超声波探伤检测。

图 1-155　220kV 副母压变闸刀 C 相旋转瓷瓶断口照片

案例二　驱动杆断裂

1. 异常概况

4 月 3 日，220kV 某变 2 号主变复役操作过程中，2 号主变 220kV 副母闸刀 A 相和 B 相正常合闸，C 相合闸后即自动分闸，经检查发现 C 相剪刀臂驱动杆球头断裂，导致复役操作延期。4 月 4 日，更换副母闸刀三相主导电回路与驱动部分后复役正常。

2. 设备信息

闸刀设备型号 PR20-M31，编号 08/K60020945C，生产日期 2008 年，投产日期 2008 年 11 月 26 日，上次检修日期 2018 年 3 月 31 日。

3. 异常发现过程

4 月 3 日，220kV 某变 2 号主变复役操作过程中，2 号主变 220kV 副母闸刀 A 相和 B 相正常合闸，C 相合闸后即自动分闸。

4. 现场检查及处置情况

现场检查发现 C 相剪刀臂驱动杆球头断裂，如图 1-156 所示。待副母闸刀三相主导电回路与驱动部分备品到货后，检修人员进行现场更换，多次分合操作情况正常，分合闸到位无卡涩现象，回路电阻测试合格。

图 1-156　驱动杆球头断裂

5. 综合分析

（1）驱动杆球头靠拐臂外侧先于内侧腐蚀，根据西门子 PR2 隔离开关运动轨迹及传动连杆的受力情况推测，该隔离开关机构带动拐臂合闸后始终受机构推动力，致使拐臂驱动杆球头长期受力而损伤。

（2）此 PR2 型闸刀剪刀臂驱动杆球头材质存在问题，在长期运行和操作过程中易造成断裂。

6. 后续措施

（1）在操作前后仔细检查该型号闸刀剪刀臂驱动杆球头是否断裂，现场具备条件的可使用无人机精细化巡检；闸刀检修前，各单位应提前联系备品，以备应急用。

（2）检修过程中，加强连杆拐臂轴销与剪刀臂驱动杆球头的检查，并列入检修作业指导卡。

四、二次回路故障

案例一 辅助开关触点失效

1. 异常概况

2 月 1 日 15 时 53 分，监控发现 220kV 某变海升 2344 线副母闸刀 OPEN3000 显示分闸位置，后台显示不定态，现场闸刀实际为合位，系统无其他保护信息提示。现场检查发现海升 2344 线副母闸刀机构内闸刀合位监视的辅助触点异常，导致后台显示问题。更换备用触点，缺陷消除。

2. 设备信息

设备型号 SPVT，生产日期 2013 年 6 月，投运日期 2013 年 9 月，上次检修日期 2018 年 4 月 29 日。辅助开关生产厂家某，型号：P0201225S。

3. 异常发现过程

2 月 1 日 15 时 53 分，监控发现 220kV 某变海升 2344 线副母闸刀 OPEN3000 显示分闸位置，后台显示不定态。

4. 现场检查及处置情况

检查闸刀机构箱，箱体清洁无异物，加热器完好，无进水受潮现象。辅助开关外观检查完好，二次线螺丝紧固，无松动脱落现象。辅助开关 CS1 共 12 对触点，每对触点包含动合、动断触点各一对，9 对触点启用，3 对触点备用。检查发现第 1 对触点存在异常，双位置接入测控装置，现场检查发现该"动合、动断"触点均异常，更换为第 10 对备用触点。进一步检查，其余 11 对开闭情况正常。

5. 综合分析

辅助开关第 1 触点位于辅助开关最顶部，每次切换时触点内部小弹簧受的力相对较大,由于内部老化,小弹簧弹力不足,导致第 1 对触点未有效连接。

6．后续措施

(1) 追溯同批次辅助开关生产和使用情况,并要求厂家说明其他产品是否存在类似隐患。

(2) 统计同型号辅助开关产品,开展特巡,对每一副在用辅助开关触点进行检查。

(3) 进一步加强辅助开关等二次元器件检修管理,结合检修对机构箱内辅助开关触点开闭情况进行重点检查。

案例二 辅助触点异常

1．异常概况

9 月 20 日,220kV 某变母联开关副母闸刀改检修时,母联副母闸刀分闸不到位,无法进行后续操作。现场检查发现,辅助开关的两副触点中其中一副触点显示不对,导致操作闭锁。

2．设备信息

220kV 母联副母闸刀设备型号 GW7B-252,制造日期 2015 年 8 月,投产日期 2015 年 11 月。

3．异常发现过程

9 月 20 日,220kV 某变母联开关副母闸刀改检修时,母联副母闸刀分闸不到位,无法进行后续操作。

4．现场检查及处置情况

辅助开关的二次回路接线图如图 1-157 所示。检修人员现场检查后,发现闸刀分闸到位由辅助开关提供两组信号,正常分闸到位后,两组信号均显示闸刀已分闸,实际现场一组信号显示闸刀分闸到位,另一组显示未到位,进而对闸刀由分闸位置改为接地位置造成闭锁。检修人员猜测对闸刀辅助开关触点回路进行检查,发现一组开关辅助触点未切换,正常分闸后该触点应闭合,实际该触点为开路。

检修人员现场调整辅助开关触点后,系统恢复正常,闸刀位置信号与实际一致。

5．综合分析

检修人员对该闸刀机构箱内进行了检查,发现该机构箱内受潮严重,内部元器件出现较严重锈蚀情况,辅助开关固定螺栓已出现一层厚厚的锈蚀层。检修人员猜测,闸刀分闸位置的信号触点内部因严重锈蚀,导致触点切换后仍无法导通,造成后台显示闸刀仍为分闸。

6．后续措施

后续结合年检时对该机构箱进行更换,同时对变电站内其余闸刀机构箱内部进行检查,认真核对闸刀位置与后台信号,对出现闸刀位置与后台信号不对应的闸刀机构进行

DS1	X2:39	819A	1-4Q2D25
DS1	X2:40	821A	1-4Q2D26
DS2	X2:41	823A	1-4Q2D27
DS2	X2:42	825A	1-4Q2D28
ES1	X4:39	827A	1-4Q2D29
ES1	X4:40	829A	1-4Q2D30
ES2	X4:41	831A	1-4Q2D31
ES2	X4:42	833A	1-4Q2D32

断路器总合位	位置信号
DS1分位	
DS1合位	
DS2分位	
DS2合位	
ES1分位	
ES1合位	
ES2分位	
ES2合位	

图 1-157　二次回路接线图

辅助开关更换或整组机构箱更换，并认真做好机构箱防水防潮措施。

五、动静触头故障

案例一　触头卡涩

1. 异常概况

5 月 24 日，500kV 某变线路改检修操作过程中，50530 闸刀 A、B 分闸到位，C 相无法分闸。手动分闸，仍无法分闸。现场检查发现，动静触头、拉杆氧化严重，导致卡涩无法分闸。

2. 设备信息

设备型号 SPVT，投运日期 2006 年 5 月，该闸刀为垂直伸缩式。2014 年 5 月曾开展过 C 级检修。

3. 异常发现过程

5 月 24 日，500kV 某变线路改检修操作过程中，C 相无法分闸。

4. 现场检查及处置情况

缺陷情况发生后，通过现场观察分析，现场检修人员断开闸刀电机电源，通过现场手摇方式对缺陷闸刀往合闸方向进行手动操作，随后再进行手动分闸。该方案尝试多次后仍无法分闸，且在多次手动操作后垂直连杆抱箍松动，紧固后仍存在抱箍打滑异常，无法传动力到导电臂上。

申请 500kV Ⅱ 母停电，对 50532 闸刀进行检查，检查发现触头夹紧动作较为卡涩，部分动触头支挡支架、传动轴套氧化严重。现场对该闸刀三相进行导电臂更换，更换后分合操作正常，相关试验数据合格。

SPVT 型闸刀为垂直伸缩式闸刀，通过齿轮和齿条的传递实现折叠运动，传动部件和平衡弹簧装置在导电管内部。

动触头是 SPVT 型闸刀分合闸运动的主要部件之一。采用钳夹式结构夹紧静触头导电杆，动触头主要运动过程包括夹紧运动和展开运动两部分（见图 1-158）。

(a) 钳式触头外观

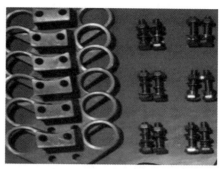

(b) 钳式触头支挡支架

(c) 导电臂中部构造

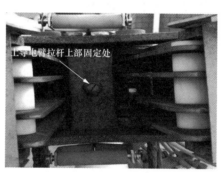

(d) 上导电臂顶杆上部

图 1-158 SPVT 闸刀动触头运动配件图

动触头的夹紧运动通过下导电臂的凸轮顶住上导电臂内拉杆的滚轮，通过拉杆上升运动带动动触头传动支撑的两侧螺杆向钳式触头宽口处运动，并压缩复位弹簧储能。由于传动支撑宽度固定，因而钳式触头开始夹紧。在一定运动范围内，拉杆上升越多，钳式触头夹紧力越大。

钳式触头的展开运动与夹紧运动方向相反。下导电臂的凸轮下降过程中，上导电臂内拉杆通过上导电臂内的复位弹簧释放能量而下降，带动钳式触头传动支撑的两侧螺杆向钳式触头窄口处运动。由于传动支撑宽度固定，因而钳式触头开始展开。在一定运动范围内，拉杆下降越多，钳式触头开口越大。

5. 综合分析

根据现场检查分析，本次闸刀分合异常的原因与 220kV SPV 闸刀分合异常原因类似，主要为：

（1）拉杆卡涩。闸刀不锈钢触头拉杆与铝孔之间间隙过小，氧化物及积灰积聚在该间隙处，导致上导电臂拉杆无法正常复位、动触头与静触头之间卡死、闸刀无法分闸。

（2）动触头触头支挡支架卡涩。由于闸刀操作次数较少，在外界恶劣环境影响下，闸刀铝材氧化较严重，导致支挡支架（铝材）与传动轴套间的间隙配合转变为过盈配合，导致钳式触头动作过程中存在一定阻力。

6. 后续措施

SPVT 闸刀设备为专业重点反措设备，在检修过程中重点对此类闸刀的动触头、上导电臂拉杆的传动和活动情况进行调试检查，防止此类异常再次发生。

案例二　合闸不到位

1. 异常概况

6 月 12 日，220kV 某变启动，17 时 25 分，运行人员在合上 220kV 母联开关对 220kV 正母充电过程中，发现 220kV 母联开关副母闸刀 C 相发热严重。现场检查发现 C 相导电臂未过死点，合闸不到位，引起动静触头接触不良导致发热。

2. 设备信息

220kV 母联开关副母闸刀设备型号 SSP-252，出厂日期 2002 年 8 月，投运日期 2005 年 7 月。220kV 母联间隔上次检修时间为 2016 年 9 月，出厂编号 31984/31983/31982，额定电压 252kV，额定电流 2000A。

3. 异常发现过程

6 月 12 日，220kV 某变启动，17 时 25 分，运行人员在合上 220kV 母联开关对 220kV 正母充电过程中，发现 220kV 母联开关副母闸刀 C 相发热严重。

4. 现场检查及处置情况

现场检查有烧焦的气味，副母闸刀 A、B 两相略微不到位，C 相导电臂未过死点，合闸不到位，动、静触头接触不良导致发热严重，引弧触指及绝缘导轨已烧毁跌落至地面，如图 1-159 所示。

现场检修人员根据检查情况，发现 220kV 母联开关副母闸刀 C 相上动臂受损严重，已经无法使用，决定对其进行整体更换，同时对静触头进行打磨处理。处理完毕后，回路电阻测试合格，闸刀三相操作均到位。

5. 综合分析

220kV 母联开关副母闸刀从 2005 年 7 月投运以来，已经运行近 15 年。设备长期暴露在户外，灰尘容易在设备转动关节等部位积累，加上日晒雨淋等作用，设备在操作过程中会发生卡滞，最终导致闸刀 C 相合闸不到位，A、B 两相略微不到位。闸刀 C 相在合闸不到位情况下通流，引起闸刀发热。

6. 后续措施

（1）长期处于分闸状态的敞开式隔离开关，在合闸操作时应至少分合闸 3 次，以充分磨合隔离开关动、静触头，使其接触良好、可靠。

图 1-159　220kV 母联开关副母闸刀 C 相

（2）运行人员在操作过程中若采取了多次分、合闸后，闸刀仍然无法合闸到位，应立即通知检修中心进行陪操作。

案例三　无法合闸

1. 异常概况

9 月 17 日上午 7 点，运行人员在操作 220kV 某变副母改检修过程中，发现 2 号主变 220kV 正母闸刀合闸不到位，导致后续操作无法进行，具体见图 1-160。现场检查发现，静触头触指外露，仅靠软连接与之相连，导致其无法合闸。

2. 设备信息

2 号主变 220kV 正母闸刀设备型号 GW7-252W，2006 年 11 月 29 日投产。

图 1-160　2 号主变 220kV 正母闸刀

3. 异常发现过程

9 月 17 日上午 7 点，运行人员在操作 220kV 副母改检修过程中发现 2 号主变 220kV 正母闸刀合闸不到位。

4. 现场检查及处置情况

2 号主变 220kV 正母闸刀在操作合闸时发现闸刀的开关侧 B 相静触头内最底下的一组触指有一只耷拉在外部（见图 1-161），由于有软连接牵连，因此触指并未跌落。检修人员挑落外露触指，与该触指相对的另一侧触指仍在触头内，尝试依靠触头内剩余 3 组触指保证 2 号主变正母闸刀可投运。

合闸过程中闸刀 C 相靠母线侧静触头又有触指耷拉下来，卡在静触头触指与将军帽之间。因触指尾部软连接状况良好，多次尝试挑落并未成功。

之后检修人员将闸刀操动机构脱杆，用管子钳多次手动分合操作，最终仍然无法合闸到位。

(a) B 相静触头触指　　　　　　　(b) C 相静触头触指

图 1-161　B 相静触头触指及 C 相静触头触指

之后检修人员调整停役计划，停役 2 号主变和 220kV 正母闸刀，更换异常闸刀导电回路，消除了本缺陷。

5. 综合分析

综合现场检查及检修过程，造成本次故障的原因是：

（1）因一侧触指脱离固定自然垂耷，闸刀合闸过程中，外露触指卡在静触头底座，使静触头无法完成转向。

（2）触指尾部软连接缠绕在将军帽和静触头根部位置，使静触头无法完成转向。

（3）动触头插入静触头过程中，原本静触头会被撑开的空间被卡在触头与将军帽之间的触指或软连接占据，动触头挤不进静触头内，最终导致合闸不到位。

6. 后续措施

（1）对站内同类型设备，结合本次综合检修完成导电回路更换。

（2）加强对同一时期、同一批次的设备管控力度，结合停电计划进行大修。

（3）加强对动、静触头各附属配件金属材质要求，特别是机械性能和防锈性能。

（4）加快220kV隔离开关检修进度，对其按检修周期进行滚动。

六、其他组部件故障

案例一　异物放电

1. 异常概况

4月4日7点52分，220kV某变110kV母差保护动作，跳开110kV正母线上运行的相关线路开关，110kV正母线失电。经检查，110kV正母压变闸刀A相旋转瓷瓶上法兰处有放电痕迹。

2. 设备信息

闸刀设备型号PR11-MH31，出厂日期2009年8月，投运时间2009年12月。

3. 异常发现过程

4月4日7点52分，220kV某变110kV母差保护动作，跳开110kV正母线上运行的相关线路开关，110kV正母线失电。

4. 现场检查及处置情况

工业视频中有鸟飞进110kV正母压变间隔，靠近110kV正母压变闸刀时爆出放电火团，随后鸟飞出110kV正母压变间隔。

110kV正母压变闸刀A相旋转瓷瓶上法兰处有放电痕迹，靠近旋转瓷瓶下部的设备铭牌有放电痕迹并有一部分被灼烧掉，在铭牌下面基座与槽钢连接处有放电痕迹，在铭牌与旋转瓷瓶中间发现2～3cm细铜丝，在闸刀周围地面发现有4～5cm的铜丝，两段铜丝目测为同一金属物件，且均有烧灼痕迹，如图1-162所示。

故障点隔离后，对正母压变间隔闸刀支撑瓷瓶和旋转瓷瓶、压变瓷瓶、避雷器瓷瓶进行擦拭，对受放电影响的110kV正母压变闸刀A相旋转瓷瓶涂PRTV防污闪涂料。

5. 综合分析

综合上述现场检查情况，初步判断为：鸟衔着细铜丝靠近110kV正母压变闸刀时，细铜丝引起110kV正母压变闸刀A相对地放电，导致110kV母差动作。

图 1-162　现场检查情况

6．后续措施

（1）进一步做好变电站防鸟害工作，加强针对鸟类频繁、容易筑鸟巢的户外变电站的专项巡视排查和跟踪巡视频次，重点是检查户外变电站设备本体及构架上是否有鸟巢、鸟巢是否发展等。

（2）结合科技项目实施，积极开展变电站防鸟害技术研究，完善驱鸟和引鸟相结合的科学化防鸟害技术措施，采用安装移动式声光驱鸟装置等方式加强驱鸟。

案例二　对绝缘子放电

1．异常概况

9 月 25 日 7 时 18 分 25 秒，500kV 某变在 3 号主变倒母操作期间，因 3 号主变 220kV 正母闸刀无法正常分闸，需恢复至倒闸前运行状态，当拉开 3 号主变 220kV 副母闸刀时 C 相出现拉弧现象，220kV 正副母Ⅱ段第一套、第二套母差保护 C 相动作，跳开 220kV 正副母Ⅱ段上所有开关。结合现场检查以及操作的复盘，误以为正母闸刀在合闸位置，实际为虚接，导致拉开副母闸刀时拉弧放电，母差保护动作跳闸。

2．设备信息

3 号主变 220kV 正母闸刀型号 GW7C-252DW（水平旋转式），投运时间 2009 年 6 月，上次检修时间 2017 年 11 月。3 号主变 220kV 副母闸刀厂家某，型号 GW16A-252W

（垂直折臂式），投运时间 2009 年 6 月，上次检修时间 2021 年 4 月。

3. 异常发现过程

9 月 25 日 7 时 18 分 25 秒，500kV 某变在 3 号主变倒母操作期间，当拉开 3 号主变 220kV 副母闸刀时 C 相出现拉弧现象，母差保护动作跳闸。

4. 现场检查及处置情况

故障发生后，现场对一次设备进行检查，3 号主变 220kV 正母闸刀处于合闸位置，3 号主变 220kV 副母闸刀 C 相动静触头存在明显烧蚀痕迹（见图 1-163）。3 号主变 220kV 副母闸刀静触头上部倒挂绝缘子存在疑似放电通道，绝缘子上下金属法兰有明显烧蚀痕迹，初步判断放电通道为闸刀静触头通过倒挂绝缘子至顶部构架接地。

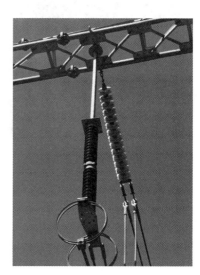

图 1-163　3 号主变 220kV 副母闸刀 C 相

检修人员对闸刀传动连杆和拐臂等活动部位、动静触头进行处理后，对闸刀的手动、电动多次分合操作，闸刀操作顺畅，未见卡涩、拒动情况发生。

5. 综合分析

因 3 号主变 220kV 正母闸刀无法正常分闸。此时闸刀主传动连杆尚未明显旋转传动，因此后台和现场指示均处于合闸位置。其中 C 相动静触头处于虚接状态。但三相动触头仍处在静触头座内部，现场人员地面目测检查时判断动静触头仍在正常合闸状态。当拉开 3 号主变 220kV 副母闸刀时，因 3 号主变 220kV 正母闸刀 C 相动静触头为虚接状态，3 号主变 220kV 副母闸刀 C 相拉弧放电，导致母差保护动作跳闸。

6. 后续措施

（1）对站内其他间隔 220kV 闸刀传动部件开展专项润滑处理；

（2）联合各设备厂家，完善 GW7C 型闸刀位置状态确认手册，明确该类型闸刀操作前后标准化检查步骤。

（3）优化 220kV 母线闸刀操作倒闸方式。

案例三　支撑瓷瓶断裂

1. 异常概况

11 月 22 日，检修人员在对 220kV 某变某副母闸刀进行检修时，发现 A 相支持瓷瓶底部伞裙处有裂纹，跨越 4～5 片伞裙（见图 1-164）。现场检修过程中，绝缘子底座自动脱落，断裂面存在新旧痕迹，表明瓷瓶已存在断裂痕迹。

图 1-164　A 相支持瓷瓶底部伞裙处有裂纹

2. 设备信息

设备型号 SPVT-252，编号 P07916，生产日期 2006 年 2 月，投运日期 2006 年 1 月，上次检修时间 2016 年 7 月，上次操作时间 2021 年 11 月 3 日。

3. 异常发现过程

11 月 22 日，检修人员在对 220kV 某变某副母闸刀进行检修时，发现 A 相支持瓷瓶底部伞裙处有裂纹，跨越 4～5 片伞裙。

4. 现场检查及处置情况

现场将破损瓷瓶进行更换，吊装过程中瓷瓶下部自然掉落，表明该截瓷瓶已完全断裂。更换新瓷瓶后对该闸刀进行分合闸及回阻测试，测试结果均正常，设备按计划复役。

5. 综合分析

从瓷瓶断裂剖面分析，如图 1-165 所示，除红圈内断裂痕迹较新外，其余均为老旧痕迹，表明该瓷瓶存在旧伤，但未完全断裂，检修试操作时无法承受旋转瓷瓶作用力导致而完全断裂。

6. 后续措施

（1）将该瓷瓶送相关检测部门进行材质分析，明确瓷瓶断裂原因，确定是否存在制造工艺不良导致的黄心、内部裂纹等现象。

（2）严把验收关，要求施工单位严格按厂家说明进行安装，避免瓷瓶产生额外应力，检查新入网设备瓷瓶的超声波探伤报告并开展抽检。

（3）检修过程中加强对瓷瓶受力情况及健康状况的检查，根据实际情况开展瓷瓶探伤。

图 1-165　断裂痕迹较新

第五节 检修其他设备

一、电容器故障

案例一 熔丝熔断

1. 异常概况

12月14日，500kV某变2号主变3号电容器故障跳闸。现场检查B相差压保护动作，B47熔丝熔断，如图1-166所示。

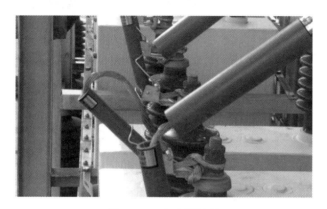

图1-166 电容器熔丝

2. 设备信息

该组电容器为BAM812/2-334-1W型框架电容器。投运日期为2004年7月。经现场核对及厂家确认，该组电容器具有内熔丝。

3. 异常发现过程

12月14日，500kV某变2号主变3号电容器故障跳闸。

4. 现场检查及处置情况

现场检查发现电容器熔丝熔断后，运维人员将其改为检修，充分放电后，经运维人员更换B47熔丝，并测试电容值合格。排除故障后，将2号主变3号电容器改为热备用。

5. 综合分析

该型号电容器同时采用外熔断器和内熔丝保护，在运行中存在隐患。根据国网最新十八项电网重大反事故措施要求，在设计阶段，电容器单元选型时应采用内熔丝结构，单台电容器保护应避免同时采用外熔断器和内熔丝保护。因此，在电容器保护差压整定时可能失效。

6. 后续措施

（1）重新核对保护整定值。例如内、外熔丝同时配置的电容器组，如电容器保护差压整定按照外熔断器整定，存在电容器保护失效可能，因此同时配置内、外熔丝的电容器组在差压整定计算时应按照内熔丝熔断进行整定。

（2）开展内、外熔丝同时配置的电容器组整定排查工作，对于按照外熔断器整定差压的电容器组，应协同调度部门开展定值修改的工作。

案例二 不平衡电流

1. 异常概况

7月30日13时02分，500kV某变4号主变2号电容器跳闸，桥差电流保护动作，故障相别C相，桥差电流值0.585A，整定值0.55A。现场测量发现电容器BC相臂间不平衡率偏大，不符合技术规范书要求。

2. 设备信息

该变电站4号主变2号电容器型号为TBB35-60000/500-AQW，2018年投运，框架式电容器，采用单星型不接地方式，桥式差电流保护，保护的接线原理如图1-167所示。

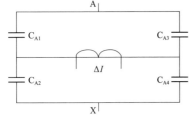

图1-167 保护的接线原理图

3. 异常发现过程

7月30日13时02分，500kV某变4号主变2号电容器跳闸，桥差电流保护动作，故障相别C相。

4. 现场检查及处置情况

7月31日，该电容器完成6只渗油电容更换，并结合开展间隔内一次设备C检。

现场对4号主变2号电容器电容量重新进行测量，并对臂间的不平衡度及不平衡电流进行计算，确认BC相臂间不平衡率偏大，不符合技术规范书要求，应为前期更换电容器单元后未调平。测量结果如表1-8所示。

表1-8　　　　　　　　　　　电容器电容量测量结果

相别	调整前		调整后	
	臂间不平衡	不平衡电流（二次）	臂间不平衡	不平衡电流（二次）
A	0.15%	0.072A	0.38%	0.16A
B	0.53%	0.236 A	0.23%	0.11A
C	1.28%	0.59A	0.15%	0.072A

从测量结果可以看出，4号主变2号电容器投运跳闸原因为6只新单体电容更换后各桥臂容量偏差较大，C相臂间最大不平衡率达到1.28%（招标技术规范要求0.5%），投

运后 C 相不平衡电流大于保护动作整定值，导致桥差电流保护动作跳闸。分析发现是由于更换电容器后未进行调平，检修人员对 4 号主变 2 号电容器 B、C 相进行重新配平衡，将 B10 与 C24 互换并更换 C26 后，重新对 4 号主变 2 号电容器的臂桥电容进行测量，其结果符合要求。

5. 综合分析

综合现场检查及更换检修的测量，导致不平衡电流的原因为更换电容器单元后未调平。

6. 后续措施

（1）梳理现行电容器交接及检修试验规程，完善臂间不平衡值等具体管控要求，将电容器臂间不平衡值的测算、电容单元后重新开展保护校核工作等要求加入到现场作业指导书中。

（2）对同类型隐患进行排查，发现问题及时处理。

（3）在后续电容器交接及检修工作中，严格落实电容器臂间不平衡值不超过 0.5% 的管控要求，同时满足保护整定要求。对采用桥差保护的电容器组，须在交接试验、单体电容器更换后及相关诊断试验时开展不平衡电流测试，确保不平衡电流满足保护整定要求。

案例三　短路接地

1. 异常概况

5 月 8 日 10 时 58 分 48 秒，110kV 某变 2 号主变低压侧后备保护出口，2 号主变 10kV 开关跳闸。10kV Ⅱ段母线失电，负荷损失约 9 MW。现场检查发现 3 号电容器开关故障无法分闸，在防止大面积停电转移负荷过程中发生 10kV Ⅱ段母线跳闸失电。

2. 设备信息

电容器开关柜型号 8BK20，电容器厂家为上海思源电力电容器有限公司，型号 BAM11/$\sqrt{3}$-100-1W。

3. 异常发现过程

5 月 8 日 10 时 58 分 48 秒，110kV 某变 2 号主变低压侧后备保护出口，2 号主变 10kV 开关跳闸。

4. 现场检查及处置情况

结合保护动作信息、现场检查，可以分析出异常发生过程：9 时 55 分，3 号电容器 B 相放电线圈二次引出线搭接至 C 相铜排上，引起 C 相接地（每相一组放电线圈），开口三角电压二次回路向 3 号电容器保护装置采样板传递了相电压，3 号电容器保护开口三角电压采样板击穿（见图 1-168），导致保护装置故障失电，通信中断。

图 1-168　3 号电容器故障内部图

因铜排长时间发热将 B 相放电线圈侧二次引线熔断，Ⅱ段母线接地消失，连接 B 相放电线圈的二次线挂接在 C 相铜排上，造成 B 相放电线圈放电。

10 时 58 分，B 相放电线圈烧毁（见图 1-169），在电容器柜内三相铜排上形成三相短路，因遥控保测装置已烧毁，无法跳开电容器开关，1.8s 后，2 号主变低后备保护动作跳开 2 号主变 10kV 开关，切除故障。

图 1-169　3 电容器 B 相放电线圈烧毁图

5. 综合分析

综合现场检查，造成本次故障的原因为二次线缆未沿槽钢走线施工，导致塑料扎带断裂后二次线缆掉落至装置母线铜排上，引起一次高压击穿二次线缆绝缘，并窜入二次保护设备引起故障。

同时，运检人员处理缺陷不及时，造成大面积停电。

6. 后续措施

（1）对该站其余电容器及日常巡视中难以观察的电容器柜内设备开展全面排查，排查二线电缆接线，用单股绝缘线更换二次电缆塑料扎带，落实 GB 50171—2012《电气装置安装工程盘、柜及二次回路接线施工及验收规范》中有关要求，确保接线牢固、排列整齐。

（2）加强主网设备应急处理管理。严格按照相关管理规定要求及流程进行故障处置，进一步优化应急处置预案，优先保障故障快速隔离。

二、避雷器故障

案例一　进水

1. 异常概况

2月25日，运检人员巡视500kV某变发现5号主变500kV避雷器B相泄漏电流表计显示值超量程（量程值5mA，正常值1.6mA），现场用正常表计替换后，显示仍然超量程。红外测温发现B相上节发热，温差约为5℃，其余相无异常，带电检测发现B相阻性电流测试超标，如图1-170所示。根据现场检查结果分析认为该避雷器本体存在缺陷，需拉停检查更换。

2. 设备信息

避雷器型号 Y10W-200/520W。出厂日：2008年10月1日。投运日期2009年7月1日，上次检修日期为2020年11月。

3. 异常发现过程

2月25日，运检人员巡视500kV某变发现5号主变500kV避雷器B相泄漏电流表计显示值超量程（量程值5mA，正常值1.6mA）。

4. 现场检查及处置情况

2月25日晚22时，该站5号主变拉停对异常避雷器进行隔离。经过现场踏勘，5号主变500kV避雷器顶部距离500kVⅠ母管母高度距离6.89m，不满足机械施工安全距离，更换该避雷器需500kVⅠ母陪停。

2月26日晚，5号主变异常避雷器更换完毕，情况正常。

5. 综合分析

3月1日下午，检修公司和电科院对异常避雷器进行解体分析，解体发现上节避雷

(a) B相泄漏电流表计

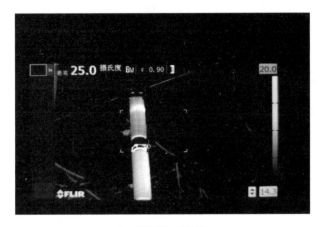

(b) B相避雷器红外测温

图 1-170　B 相避雷器

器顶部主密封圈安装工艺不到位，密封圈已严重变形，导致上节避雷器内部严重进水受潮，如图 1-171 所示。

图 1-171　B 相避雷器上节顶部

6. 后续措施

（1）约谈避雷器厂家，要求避雷器厂家提供厂内装配记录，确认其他同时段产品是否存在类似隐患，并提交书面报告。

（2）加强台风、暴雨前的特殊巡视，提前发现设备故障隐患。

案例二 异常声响

1. 异常概况

5月4日，运检人员在节日特巡时发现110kV某变某避雷器气室有放电异响，因异响非常明显，随即汇报调度，拉停该线路，异响消失。

2. 设备信息

避雷器设备型号Y10WF5-102/266，投运日期：2016年6月23日。

3. 异常发现过程

5月4日，运检人员在节日特巡时发现110kV某变某避雷器气室有放电异响。

4. 现场检查及处置情况

现场试验人员对该避雷器气室 SF_6 组分进行分析，实验结果如图1-172所示，发现 SO_2 含量130.7μL/L，H_2S 含量117.2μL/L，两种组分气体严重超标，判断气室存在严重放电现象。

图1-172 避雷器气室 SF_6 分解物分析

5月5日，检修人员对某避雷器气室进行隔离拆除，并现场开盖检查，发现A相避雷器高压侧上方连接均压球的导电杆底部部分断裂，导致导电杆向筒体外壳倾斜，并且整个GIS桶壁及导电杆附着大量放电后的 SF_6 分解粉末，如图1-173所示。

经确认是因为避雷器内部电杆部分断裂导致该缺陷，检修人员将拆下的避雷器返厂维修，并要求厂家出具详细的异常分析报告。

5月13日，将返厂维修后的避雷器安装该间隔，并进行微水试验、耐压试验、耐压后 SF_6 气体成分分析等，实验结果均符合要求。

图 1-173　避雷器气室开盖检查

5. 综合分析

根据现场检查情况，初步判断气室内避雷器 A 相上方导电杆安装时底部螺杆未紧固到位，在避雷器筒体多年长时间运行振动下螺杆逐渐松动，随后该部位电场变成不均匀电场，导致间隙拉弧放电；在放电产生的高温作用下，螺杆头部部分融化，导致整个螺杆向壳体倾斜；随着倾斜角度的增大，进一步使放电部位电场变成极不均匀电场，场强继续增大，放电剧烈，发出明显异响，并产生大量 SF_6 分解物附着筒体及避雷器表面。

6. 后续措施

（1）要求各变电运维班组排查同型号设备，加强巡视和带电检测工作，及早发现类似异常现象。

（2）厂内装配应严格按照工艺要求进行组装，厂内质检对每一项工序严格把关。

（3）GIS 驻厂监造人员、出厂验收人员应严格按照 GIS 设备驻厂监造、出厂验收的要求开展工作，及时发现并纠正生产过程中的质量问题，确保出厂设备满足工艺质量要求，杜绝设备带病入网。

案例三　避雷器击穿

1. 异常概况

7 月 9 日 15 时 34 分 39 秒，500kV 某变某线 C 相跳闸，重合闸失败。保护正确动作，第一次故障电流有效值 4.2kA，重合后的第二次故障电流有效值 46.4kA。现场检查确认 5814 线避雷器 C 相异常。异常发生时站内无工作，现场多云天气，部分线路廊道内雷雨天气。

2. 设备信息

避雷器设备型号 Y20W5-420/1046W，投入时间 2015 年 2 月。避雷器投运至今带电检测、停电检修及日常巡视均未发现异常。最近一次机器人巡视时间为 7 月 5 日，某线三相避雷器表计数据均正常，外观检查均无异常。红外测温巡视时间为 7 月 7 日，三相避雷器红外测温结果及避雷器外观均无异常，如图 1-174 所示。

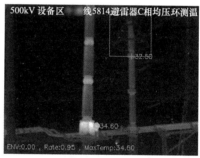

图 1-174　避雷器巡视结果

3. 异常发现过程

7 月 9 日 15 时 34 分 39 秒，500kV 某变某线 C 相跳闸，重合闸失败。保护正确动作，第一次故障电流有效值 4.2kA，重合后的第二次故障电流有效值 46.4kA。

4. 现场检查及处置情况

现场检查发现某线 C 相避雷器泄漏电流表损坏，各节瓷瓶表面有明显黑色物质喷灼痕迹，三节避雷器喷口挡板全部脱落，如图 1-175 所示。

现场开展 5814 线三相避雷器更换，5022、5023 断路器分解物检测，线路压变常规试验及检查，间隔内引下线检查，异常后主变油色谱检测。7 月 10 日 7 时 40 分，现场抢修和检查工作全部完毕，线路间隔复役。

图 1-175　避雷器外观检查

返厂解体检查，发现上下压力释放装置动作，上下压力释放装置附近有喷弧痕迹，瓷套表面没有发现外闪的痕迹。

上节避雷器密封状况良好，主密封圈内侧无锈蚀现象。整个芯体中电阻片均破裂，部分铝垫块有烧熔的痕迹，上部分电阻片和绝缘筒受高温粘连一起。电阻片均破裂，破裂的形式有环裂、炸裂。绝缘筒内外表面无闪络痕迹，均有黑色附着物，绝缘筒上部分受高温作用玻璃丝松散脱落。绝缘杆表面有黑色附着物，受高温作用部分玻璃丝裸露，如图 1-176 所示。

图 1-176　上节避雷器电阻片及绝缘筒（一）

图 1-176　上节避雷器电阻片及绝缘筒（二）

中节避雷器情况与上节类似，如图 1-177 所示。下节避雷器元件整体损坏情况最严重的。如图 1-178 所示。

图 1-177　中节避雷器电阻片及绝缘筒

图 1-178　下节避雷器电阻片及绝缘筒

5. 综合分析

经对异常避雷器三节元件的解体检查，避雷器元件内部无受潮痕迹，可排除因受潮引起异常的可能性。绝缘筒内外表面无闪络痕迹，瓷套内壁无闪络痕迹，可排除沿面闪络的可能性。芯棒局部检查，未见闪络痕迹。从电阻片的整体破裂情况看，可排除由单一或局部电阻片缺陷造成的异常可能性，其损坏现象更符合注入能量过大造成避雷器损坏的特征。异常原因可能是：

（1）线路雷击跳闸后，线路遭受多重雷电回击，避雷器吸收能量超过额定值（2.5MJ），造成避雷器内部电阻片热崩溃开裂，呈现短路状态，导致重合闸失败。

（2）避雷器绝缘性能逐步丧失引发第一次线路跳闸，在雷电回击作用下，避雷器绝缘性能快速劣化，在开关重合闸冲击下内部阀片全部热崩溃开裂。

6. 后续措施

（1）结合过电压情况，对避雷器能量耐受能力进一步仿真研究，为避雷器选型提供支撑，避雷器厂家配合。

（2）要求避雷器厂家提交完整书面分析报告，包括避雷器吸收能量。

三、母线故障

案例一　基础沉降

1. 异常概况

3 月 6 日 10 时，运维人员在 220kV 某变巡视时发现 220kV 正母Ⅰ-Ⅱ段软连接支持绝缘子 A 相底座倾斜。经检修人员检查评估该设备近日倾斜风险加剧，继续运行存在较大的安全隐患，当日申请停电检查处理。

2. 设备信息

2018 年 10 月 23 日，巡视发现此绝缘子三相支架均有轻微锈蚀，并录入一站一库跟踪管控。2019 年 10 月 14 日，根据隐患发展情况更新补录一站一库信息。检修单位于 2019 年 11 月进行现场踏勘评估，外观检查与一站一库描述基本一致，未见明显恶化和倾斜现象，计划结合 3 号主变扩展工程实施防腐处理（现基建工程推迟）。运维最近一次巡视时间为 2020 年 2 月 28 日，未发现该设备倾斜现象。

3. 异常发现过程

3 月 6 日 10 时，运维人员在 220kV 某变巡视时发现 220kV 正母 Ⅰ-Ⅱ 段软连接支持绝缘子 A 相底座倾斜。

4. 现场检查及处置情况

3 月 6 日晚上，对 220kV 正母进行停役操作，现场检查发现 220kV 正母软连接部分共有 6 个支持绝缘子，除该倾斜绝缘子外，其余 5 只支持绝缘子底座表面油漆清理后均有不同程度的内部锈蚀情况。

3 月 7 日 14 时，检修单位完成 6 个支持绝缘子底座更换工作（见图 1-179），220kV 正母设备复役。

图 1-179　消缺更换后照片

5. 综合分析

结合现场检查、消缺过程，分析本次原因为：

（1）变电站地处温州沿海地区，属于 d2 污区，空气中盐分含量较多，所内设备易受环境腐蚀。对拆除下来的支持绝缘子底座钢柱进行检查，内部无积水，钢柱锈蚀由油漆内部向外发展，导致钢柱强度下降、倾斜加剧。

（2）变电站投运至今一直存在严重沉降现象，地基沉降造成引线过紧、设备倾斜、管母受闸刀沉降拉伸变形等问题，虽然进行了多次整治，但仍存在地面沉降塌陷、等径杆倾斜等问题。220kV 正母线软连接支持绝缘子所在等径杆存在轻微倾斜现象，造成支撑钢柱受力不均。

6. 后续措施

（1）对重污染区域的设备腐蚀情况进行再评估，进一步完善设备锈蚀的跟踪机制，结合综合检修，及时安排防腐检修处理。

（2）加强沉降严重变电站的监测工作。对变电站进行沉降监测传感器的安装，对沉降进行实时监测，为沉降整治提供参考和依据。

案例二 母线位移

1. 异常概况

2月份，运检人员在550kV某变巡视时，听到500kV场地"砰"的一声异响，具体设备不详，当天巡视未发现明显设备异常。后续的跟踪中发现，异响声音偶有发生，并且500kV Ⅰ母管母支撑槽钢存在持续偏移现象。4月11日中午，运检人员在偏移槽钢处检查时再次听到异响，初步锁定异响声源为此槽钢所支撑的管母拼接处。

2. 设备信息

GIS设备型号为ZF16-550，2018年3月投运。异响偏移设备出厂日期为2022年12月，投运日期为2023年5月。

3. 异常发现过程

2月份，运检人员在550kV某变巡视时，运检人员在偏移槽钢处检查时听到异响，初步锁定异响声源为此槽钢所支撑的管母拼接处。

4. 现场检查及处置情况

现场检查发现异响响度较GIS设备正常伸缩时发出的声音明显偏大，接近于GIS闸刀动作到位时的声响。异响时，气温较高。

500kV Ⅰ母管母支撑槽钢存在持续偏移现象。至4月11日偏移现象已经较为明显，设备红外测温正常。

异常母线如图1-180所示。

5. 综合分析

初步分析，因500kV Ⅰ母新上母线段较长，设计长度22 m，管母膨胀产生的作用力较大。而此段管母在5063开关方向一侧固定卡死，在5052开关方向一侧设置了一段常规伸缩节，不能够抵消母线筒膨胀时产生的作用力。在长时间膨胀力作用下，支撑槽钢发生了较为明显的偏移。

当气温升高时，膨胀力作用逐渐增大。但由于管母偏移处（管母固定卡死处）上方有5051开关与母线间连接管母向下的重力作用，只有当膨胀力累积到一定程度时，管母才会产生一定偏移并发出较正常偏移明显偏大的声响，并带动固定槽钢变形。

6. 后续措施

（1）短期考虑，在不停电的情况下建议对变形槽钢进行更换，防止槽钢变形进一步

图 1-180 异常母线

恶化导致母线筒体失去支撑下坠,引发 500kV 母线故障跳闸。

(2)如设备停电,建议厂家将此母线筒分段增加伸缩节,减小母线筒膨胀应力影响。或采用其他方式,控制母线筒膨胀应力在合理范围内。

案例三 母线闸刀异常

1. 异常概况

6 月 18 日 9 时 23 分,220kV 某变 110kV Ⅰ段母线差动保护动作,跳开 110kV Ⅰ段母线所有相连间隔开关,下送各 110kV 变电站备自投均正确动作,无负荷损失。故障前,110kV 母线并列运行,站内除某 1433 线(老间隔)正在进行新 T 接线路启动投产之外,110kV Ⅰ段母线上其他各间隔均正常运行,在对线路冲击约 60s 后,110kV Ⅰ段母线故障跳闸。

2. 设备信息

组合电器设备型号为 ZF23-126,母线采用三极共筒式结构。出厂日期为 2019 年 10 月,投运时间为 2020 年 5 月。

3. 异常发现过程

6 月 18 日 09:23,220kV 某变 110kV Ⅰ段母线差动保护动作,跳开 110kV Ⅰ段母

线所有相连间隔开关，下送各 110kV 变电站备自投均正确动作，无负荷损失。

4. 现场检查及处置情况

对 110kV Ⅰ段母线及某线间隔外观进行仔细检查，发现 GIS 筒体外壳无明显放电、灼伤痕迹，盆式绝缘子外观无明显发热、炭化、变形痕迹，波纹管伸缩节无明显形变、超行程伸缩现象，相关 GIS 气室 SF$_6$ 气压正常无气体泄漏，110kV Ⅰ段母线连通某线母线闸刀气室内 SF$_6$ 气体分解产物严重超标，相邻气室无异常。由此可判断故障点为某线母线闸刀气室，内部曾发生过较高能量放电。

对某线母线闸刀气室进行开筒内部排查，发现该气室母线及 GIS 筒体内壁均附着大量白色粉末颗粒，内部曾发生高能量放电现象；某线开关母线侧接地闸刀 C 相地刀静触头座表带触指有断裂现象，弹簧异常脱出并往下垂挂，静触头座内存在明显放电痕迹，GIS 筒体底部有烧蚀后的弹簧金属碎片残留，如图 1-181 所示。

6 月 19 日前先将故障点相关母线筒拆断隔离，将 110kV Ⅰ段母线上除母分和某线以外的其他间隔恢复送电。

5. 综合分析

根据母线闸刀气室开筒检查综合分析，初步判断：由于三工位闸刀厂内装配工艺不良，某线开关母线侧接地闸刀多次动作后，C 相地刀静触头座表带触指存在松动或位置异常，在最近一次开关 C 级检修工作完成，状态改回冷备用，开关母线侧接地闸刀分闸之后，其触指弹簧被扯断并异常脱出往下垂挂，与下方某线开关母线侧接地闸刀 B 相动触头绝缘距离不足而引起 110kV Ⅰ段母线 B 相单相接地故障，单相弧光进一步沿三工位闸刀绝缘传动轴表面发展至 C 相，最终引发 110kV Ⅰ段母线 B、C 相间接地短路，母差

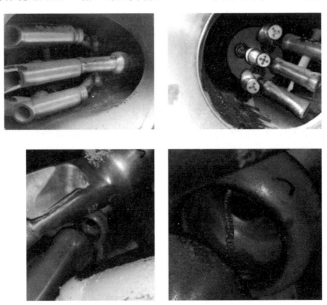

图 1-181　地刀静触头座

保护动作跳闸，造成 110kV Ⅰ段母线失电。

6. 后续措施

（1）对公司范围内同型号同批次 GIS 开展一轮特高频及超声波局部放电带电检测，确保在运设备安全运行。

（2）组织故障三工位闸刀气室返厂解体分析，重点针对零部件规格材质、装配工艺标准和出厂检验品控等各个环节进行全面排查，进一步明确故障原因并提出相关防控措施。

四、穿墙套管故障

案例一　套管渗水

1. 异常概况

9月14日，35kV 某变受"梅花"台风影响，风电 3636 线、低频 3634 线、宽频宽压电源 35kV 母线开关穿墙套管渗水，开关柜电缆仓湿度约 60%，当日申请停运。

2. 设备信息

风电 3636 线穿墙套管型号为 CWL-35/1000，2009 年 11 月 26 日投运，上次检修时间 2016 年 10 月 15 日；低频 3634 线、宽频宽压电源 35kV 母线开关穿墙套管型号 FCRG-40.5/12 50，2022 年 5 月 21 日投运。

3. 异常发现过程

9月14日，运维人员巡视时发现风电 3636 线、低频 3634 线、宽频宽压电源 35kV 母线开关穿墙套管渗水。

4. 现场检查及处置情况

9月16日，检修人员检查桥架已无积水，开关柜湿度均为 40% 左右。风电 3636 线穿墙套管挡板割缝密封胶有脱落，密封胶为硅酮耐候密封胶。低频 3634 线、宽频宽压电源 35kV 母线开关套管底部密封胶涂抹不匀，开关室内穿墙套管底座未进行防水处理。9月17日，采用高分子防水材料对穿墙套管割缝、穿墙套管与钢板间隙、螺栓连接件、钢板四周焊缝进行防水封堵。风电 3636 线和低频 3634 线、宽频宽压电源处理前后对比如图 1-182、图 1-183 所示。

5. 综合分析

该变电站位于岛屿上，台风期间风力较大，周围海面风力最大到 13~15 级，且风向正对穿墙套管所在墙体，造成密封胶脱落。新间隔施工过程中密封胶涂抹不均匀，局部区域厚度不够。现有安装工艺未对开关室内穿墙套管与墙体连接处进行防水处理。安装年限 6 年以上的穿墙套管未结合综合检修对穿墙套管防水进行处理。

6. 后续措施

（1）规范穿墙套管安装紧固工艺和密封胶涂抹工艺，选用优质密封材料，并严格按

| (a) 处理前 | (b) 处理后 |

图 1-182　风电 3636 线（老间隔）处理前后

| (a) 处理前 | (b) 处理后 |

图 1-183　低频 3634 线、宽频宽压电源（新间隔）处理前后

照变电运检五项通用制度验收管理规定中穿墙套管验收细则开展验收。

（2）加强运维巡视管理，台风、暴雨等恶劣天气时结合特巡工作，对户外穿墙套管割缝等容易造成渗水的点位开展重点巡视。

案例二　支撑绝缘子闪络

1. 异常概况

9 月 14 日 23 时 38 分 30 秒，220kV 某变差动保护动作跳闸，A 相网侧套管故障电流 2.943kA［可承受的短路电流（有效值）分别为：网侧 4.376kA、阀侧 2.238kA、低压侧 15.238kA］，无负荷损失。故障时刻为台风"梅花"登陆形成的强对流天气，局部 14 级以上暴雨大风。

2. 设备信息

网侧套管型号 BRDLW-126/1250-4，外绝缘爬距为 3906mm；阀侧套管型号 BRDLW-126/1250-4，外绝缘爬距为 8595mm；该地区污秽等级为 D2 级。上次检修时间 2021 年 10 月，主要开展本体及其附件清扫、消缺工作。

3. 异常发现过程

9 月 14 日 23 时 38 分 30 秒，220kV 某变差动保护动作跳闸。

4. 现场检查及处置情况

现场检查发现联结变网侧引流线 A 相支撑绝缘子上下法兰及首尾两片瓷瓶有明显放

电痕迹（见图 1-184），其余套管及支撑绝缘子未见明显放电现象。

图 1-184 套管放电痕迹

现场对闪络部位清理后，对瓷瓶外绝缘进行补强措施（PRTV 喷涂、加装伞裙）。

5. 综合分析

综合保护动作、现场检查、油化/盐密测试及援例诊断结果，判断舟泗站联结变跳闸原因为大风暴雨的极端天气条件下雨水叠加污秽导致的网侧 A 相套管引出线支撑绝缘子闪络。

6. 后续措施

（1）复役后通过红外测温、紫外成像检测等手段加强舟泗站外绝缘表面污秽情况跟踪和评估，必要时开展带电水冲洗，并同步开展其他四站红外、紫外检测。

（2）台风来临前通过熄灯巡视、紫外检测等手段对站内设备外绝缘污秽情况进行排查，发现异常及时处置。

第二章 三变类设备

第一节 变压器（电抗器）

一、本体故障

案例一 线圈匝间短路

1. 异常概况

10 月 05 日 11 时 42 分，某 500kV 站 2 号主变差动、重瓦斯保护动作，开关跳闸，保护装置正确动作。

2. 设备信息

主变型号 OSFPS-750000/500，2006 年 9 月出厂，2007 年 2 月投运，上次检修日期是 2019 年 12 月。

3. 检查情况

现场外观检查发现：2 号主变中压 220kV 侧 C 相套管空气部分瓷套贯穿性破裂，见图 2-1；C 相中压侧套管升高座下部靠箱底部分轻微变形外鼓，见图 2-2；箱体上有 6 根加强筋靠箱底侧焊接部位开裂，见图 2-3。保护装置及故障录波图分析显示，中压 220kV 侧 B 相发生接地故障，最大故障电流 29.6kA。

图 2-1　中压侧 C 相套管瓷套破裂　　图 2-2　中压侧油箱靠箱底变形　　图 2-3　中压侧油箱加强筋撕裂

主变改检修后，进一步检查发现：主变中压侧 A 相套管安装法兰出现明显裂纹，瓷套胶装部位有松动，未见漏油，见图 2-4；主变中压侧 B 相套管安装法兰撕裂并漏油，见图 2-5。

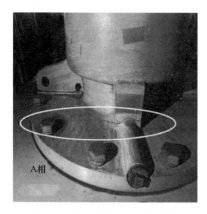 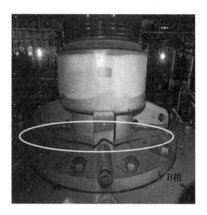

图 2-4　中压侧 A 相套管裂纹　　　　　图 2-5　中压侧 B 相套管撕裂

主变进行内检，发现故障痕迹：中压侧 B 相调压线圈上部引出线部分熔断，匝间有短路现象，油箱侧磁屏蔽处存在短路放电烧损痕迹。中压侧 B 相调压线圈下部引出线部分存在断裂和疑似短路痕迹。油箱内部散落着烧损的引出线外包绝缘纸，高压升高座内引线有碳化物附着。中压侧 C 相套管下瓷套下端均压球上部瓷套破裂。

4. 故障原因

200kV B 相调压线圈上部引出线突发匝间短路，放电产生的气泡导致油隙间绝缘水平降低，引发引出线对地放电，放电电弧使变压器绝缘油大量分解，器身内部压力骤增，进一步导致中压侧 C 相套管外瓷套断裂，A、B 相套管法兰受损，变压器箱体变形。

5. 事故结论

B 相调压线圈下部引出线，受电动力和绝缘降低的影响，下部引线压接头脱出，引起油中电弧放电并导致引线放电烧蚀。

6. 后续措施

（1）推进三相一体变压器改造，改造为三相分体主变。

（2）加快备用变配置，提升设备运行可靠性及故障处置效率。

（3）优化新建工程主变选型，新变电站优先应用三相分体变压器。

案例二　地屏片间短路

1. 异常概况

5 月 1 日，某特高压站Ⅱ线高抗 B 相下部油样的油色谱乙炔含量由 0 突升至 $7.07\mu L/L$，紧急拉停。5 月 3 日在现场进行内检和相关试验，未发现明显异常。5 月 17 日，该高抗返厂进行解体检查，发现地屏位置铜带整体褶皱明显，并存在多处过热和放电痕迹。综合现场检测、返厂解体和材料检测，判断此次故障原因为：地屏存在二片铜带局部间隙过小，在铜带起皱放电和运行振动共同作用下发生片间短路并引起发热，最终导致乙炔等烃类气体快速上升。

2. 设备信息

高抗型号 BKD-240000/1100，出厂日期为 2012 年 12 月，投运日期为 2013 年 9 月 25 日。

3. 油色谱分析

5 月 1 日，高抗 B 相离线油色谱 C_2H_2 值由 0 突升至 $7.07\mu L/L$，氢气和烃类气体含量均存在显著增长，CO、CO_2 含量未见明显上升。根据 DL/T 722《变压器油中溶解气体分析和判断导则》三比值法进行判断。按油色谱绝对量分析，三比值编码均为 022，对应故障类型为高温过热（大于 700℃）。按油色谱增量分析，三比值编码同样为 022，对应故障类型为高温过热（大于 700℃）。根据变压器电抗器油中溶解气体诊断系统，按增量诊断结论为磁路过热缺陷。

4. 解体情况

5 月 3 日进行现场内检和相关试验，未发现明显异常。鉴于生产厂家同型号的高抗已经出现 5 起类似缺陷，决定将该产品返厂解体，彻底进行检查处理。5 月 17—19 日电抗器返厂解体检查，发现异常情况如下。

（1）X 柱地屏自上往下中间部位铜带间（距离等电位端约 900mm，铜带总长约 1200mm）存在明显过热烧蚀痕迹，烧蚀点经擦拭有疑似突出异物，烧蚀部位处及附近区域两铜带挨近（设计两铜带间隙距离为 3mm），并存在多处片间放电，铜带烧蚀位置对应撑条、围屏均出现不同程度的烧蚀现象，见图 2-6。

（2）检查线圈上部绝缘及端圈，发现 A 柱器身静电板引线表面绝缘有磨损痕迹，见图 2-7。

A、X 柱铜带表面均存在不同程度的起皱放电现象。分别对烧蚀部分和正常的地屏绝缘纸板取样，见图 2-8。参照 GB/T 29305—2012/IEC 60450：2007《新的和老化后的纤维素电气绝缘材料粘均聚合度的测量》、DL/T 596—1996《电力设备预防性试验规程》进行测试。

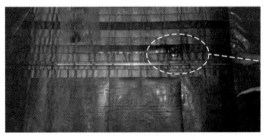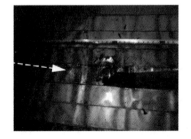

(a) 铜带烧蚀部位

图 2-6 地屏烧蚀点及附近位置情况（一）

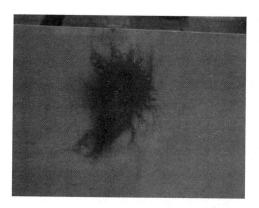

(b) 围屏烧蚀部位

(c) 地屏表面烧蚀部位

(d) 铁心饼撑条烧蚀部位

图 2-6　地屏烧蚀点及附近位置情况（二）

根据 DL/T 596—2021《电力设备预防性试验规程》规定，聚合度小于 250 时，应当引起注意。测试结果表明，A、B 样品的聚合度数值没有明显差异，满足规程要求。

对烧蚀铜带进行机械强度和断口微观形貌分析，见图 2-9。

（3）试验结论如下：

1）2 组地屏铜带样品的硬度值合格，但是抗拉强度以及拉断伸长率均远远低于标准要求值。

图 2-7　器身静电板引线绝缘磨损

2）铜带断面的部分区域被碳化后的绝缘油纸覆盖，未被覆盖部分的断面表面较为平整，存在明显的近似平行条状的刮痕，疑似裂纹扩展的痕迹。同时，能谱分析的结果显示，裸露断面的成分主要是基体铜元素，且未见含量较高的氧元素，说明断面及附近区域氧化程度的较低，判断其经历过严重放电或者燃烧的概率较低。综合来看，铜带的部分断裂或缺损的原因主要为外力作用。

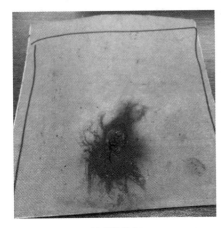
(a) 烧蚀部分

(b) 正常部分

图 2-8　绝缘纸板取样

(a) 正面

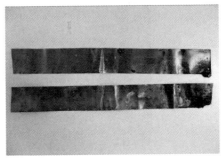
(b) 反面

图 2-9　烧蚀地屏铜带样品

5. 综合分析

某特高压变电站自投运以来，共有 6 台同厂家同型号同工艺的高抗发生过局部放电和色谱异常缺陷。返厂解体检查中，均发现高抗 A 柱和 X 柱地屏铜带存在整体褶皱，以及多处铜带放电痕迹和断裂等现象。

结合故障案例，根据现场油色谱检测、内检及返厂解体检查情况，本次故障的原因为：产品的 X 柱地屏铜带由于设计和工艺问题，存在整体褶皱的情况，引起局部电场畸变，该现象与油色谱分析高温过热结果相吻合。

6. 事故结论

此台产品 X 柱地屏铜带由于设计和工艺问题，存在整体褶皱的情况，引起局部电场畸变；特别地，本台高抗铜带部分片间局部间隙过小，在铜带起皱放电和运行振动共同作用下发生片间短路，短路造成高温过热。

7. 后续措施

（1）加快故障相设备修复。

（2）优化后续高抗改造计划。

（3）做好设备运维保障。

案例三　散热片开裂

1. 异常概况

6月28日，某变电站1号站用变轻瓦斯动作，检查发现站用变其中一片散热片底部焊接部位开裂渗漏，遂对渗漏部位临时封堵，变压器油位下降至大盖以下约3cm。

2. 设备信息

1号站用变型号SZ10-630/15，2008年10月生产，2009年6月投运，上次检修日期2016年5月。

3. 发现及处理

6月28日，某变1号站用变轻瓦斯动作，检查发现站用变其中一片散热片底部焊接部位开裂，现场对渗漏部位临时封堵，检查油位下降至大盖以下约3cm，见图2-10。7月6日拆除该站用变进行返厂维修，7月10日完成修复、出厂试验后返回现场安装，7月12日完成复役。

图 2-10　站用变现场检查图

4. 原因及结论

综合分析认为，站用变散热片焊接质量不良，长时间运行后焊缝薄弱部位开裂导致大量渗漏，油位下降至气体继电器处，导致轻瓦斯动作报警。

5. 后续措施

（1）做好同类型设备出厂验收，加强安装试验质量管控。

（2）加强设备运维巡视，高温高负荷期间应重点加强油温油位、渗漏油、接头发热等缺陷隐患排查，强化设备状态跟踪管控。

案例四　鸟害短路故障

1. 异常概况

9日7时37分，220kV某变电站1号主变第一套保护动作，1号主变第二套保护动作，1号主变开关跳闸。现场检查20kV侧电缆接头部位有放电烧蚀痕迹，工业视频显示故障时刻附近有飞鸟，分析认为此为鸟害造成的主变跳闸故障。

2．设备信息

1号主变为户外式变压器，设备产品型号SZ11-90000/220，投运日期2021年1月2日，上次检修日期2022年1月11日，试验结果无异常，近期设备运行情况良好。

3．试验及检查

（1）试验情况：1号主变油色谱数据与上次试验数值无明显区别，1号主变直流电阻、短路阻抗、绕组频率响应、绝缘电阻等试验数据合格。

（2）检查情况。

1）一次设备检查情况：检查发现1号主变20kV穿墙套管接头处B、C相及1号主变20kV变压器闸刀地刀连杆处有放电痕迹，见图2-11、图2-12。

(a) 电缆接头   (b) 接地闸刀连杆

图 2-11　20kV接地装置与穿墙套管接头处B、C相灼烧痕迹

图 2-12　1号主变20kV侧C相对地放电通道

1号主变及两侧开关、1号主变20kV接地变成套装置外观检查无异常。

2）二次设备检查情况：1号主变第一套、第二套主变差动保护动作，跳开1号主变两侧开关。主变低压短路故障电流约为14.3kA（主变可承受短路电流15.16kA）。

3）工业视频检查情况：检查工业视频，发现故障时刻附近有飞鸟，如图2-12中所示飞鸟经过后出现弧光放电。

4．原因与结论

综合分析认为此次故障为一起鸟害造成的主变低压侧短路跳闸故障。具体过程为鸟飞到主变低压侧铜排与接地变电缆头连接处（绝缘热缩局部有松口），导致 C 相电缆头与隔离开关水平连杆（直线距离约 40cm）间对地放电，进而发展为 BC 相间短路，导致主变跳闸。

5. 后续措施

（1）开展 1 号主变复役后的跟踪巡视工作。

（2）在站内加装防鸟驱鸟装置，避免鸟类活动引发的设备异常事件。

（3）开展主变低压绝缘薄弱环节排查和整治，重点检查绝缘包裹是否有松口，并开展绝缘补强工作。

案例五 线圈饼间短路

1. 异常概况

11 月 1 日，220kV 某变电站 1 号主变在启动操作，由 220kV 开关第一次冲击主变时，第二套差动保护、重瓦斯保护动作出口，220kV 开关跳闸，故障相别为 B 相，2s 后轻瓦斯保护告警。故障后，现场检查变压器本体气体继电器内有气体，呼吸器大量冒气，变压器直流电阻、绝缘电阻、短路阻抗、绕组频率响应、油色谱等多项试验数据异常，油色谱分析三比值为 102，判断变压器本体 B 相低压线圈存在匝间短路故障。

2. 设备信息

1 号主变 2021 年 7 月生产，型号 SFSZ11-240000/220，投产前的出厂试验、交接试验等各项试验数据无明显异常。

3. 检查情况

11 月 8—9 日，变压器返厂解体检查。依次吊开各相线圈，A、C 相未见明显异常，B 相低压线圈存在明显放电性故障。

（1）B 相低压线圈表面烧蚀发黑，附近及线圈上下压板散落金属颗粒，从底部往上数第 46～56 饼烧蚀较严重，区域大小约为 50mm×15mm；第 49～53 饼出现不同程度的断线、扭曲、鼓包变形。

（2）详细检查发现 51、52 饼之间 2 处绝缘垫片错位，与对应位置上其他线饼间绝缘垫片不在同一轴线上，进一步逐饼拆解线圈，发现错位的 2 片绝缘垫片位于辅助撑条对应位置处而非正常的主撑条处，见图 2-13。

（3）2 处绝缘垫片错位处，第 49～53 饼线圈 8 根电磁线均存在不同程度向下弯曲和烧蚀断线现象，烧蚀点近似成一条直线，见图 2-14。

4. 原因及结论

综合各项试验和解体检查情况，分析认为主变在制造过程中，B 相低压线圈第 51、52 饼的饼间两处绝缘垫片放错位置，主撑条部位无绝缘垫片，导致该处线饼失去轴向支撑，在合闸过程中第 51～52 两饼线圈在轴向电动力作用下发生挤压、绝缘损坏，最终导致饼间短路，主变重瓦斯保护、差动保护动作跳闸。

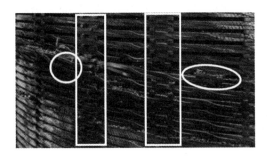

图 2-13　变压器本体 B 相低压线圈两处绝缘垫片错位图

图 2-14　错位处线饼整体轴向挤压、烧灼断线图

1 号主变启动损坏事件暴露了如下问题：

（1）厂家生产制造工艺管理失控。绝缘垫片安装需通过绕线操作、复检、专检至少 3 道工序把关，且垫片与主撑条之间具有限位结构。本次事件中，关键工序相继失控，造成严重后果。

（2）设备制造隐蔽工程监督手段有待加强。

（3）针对性技术手段欠缺。绝缘垫片错位情况下，线圈饼间绝缘依然保持，常规出厂及交接试验（含局部放电、耐压、冲击等）未能对线圈轴向支撑能力进行有效考核，导致直至启动时发生故障。

5．后续措施

（1）要求厂家对垫片错位问题开展全面排查，提供故障成因分析报告，内容应包括生产质量管控过程文件等。

（2）加强对同厂生产的 2 号主变开展专项带电检查，评估设备状态，确保安全运行。

（3）严格加强新建、改造工程主变生产制造关键点监督，做好线圈绕制、铁心叠片、整体装配等各关键环节见证记录，确保源头质量。

案例六 抗短路能力不足

1. 异常概况

1 月 19 日 00 时 02 分，220kV 某变电站某线路保护出口，开关跳闸，重合失败，故障测距 0.014km，故障相别 B 相；00 时 02 分 13 秒，1 号主变第一、二套差动保护动作、重瓦斯保护动作，三侧开关跳闸，故障相别 B 相。

2. 设备信息

220kV 某变 1 号主变 2015 年 4 月生产，2016 年 1 月投运，型号 SFSZ11-240000/220。上次检修时间为 2018 年 3 月 29 日，各项常规试验未见异常。主变抗短路能力核算结果为 B 类（高压侧不合格、中低压侧合格）。220kV 线路为电缆架空混合线路，电缆段约 150m，电缆终端型号 Ankura-YJZGG 110kV-1×630，2016 年 3 月投运。上次局部放电测试时间 2018 年 5 月 7 日，未见明显异常。

3. 检查情况

（1）线路设备检查：出线电缆与 GIS 连接的应力锥下部终端有明显的故障击穿烧蚀现象，对应 GIS 气室气体成分无异常，见图 2-15。

图 2-15 B 相出线电缆应力锥故障击穿

（2）1 号主变检查：

1）B 相高压套管升高座与主变储油柜（旧称油枕）之间的连管焊接处断裂，储油柜油位接近零，主变四周有大量绝缘油，见图 2-16、图 2-17。

图 2-16 主变 B 相高压套管升高座联管断裂

图 2-17 主变漏油

2）跳闸后主变油色谱异常，乙炔含量 $49\mu L/L$，总烃 $176\mu L/L$；直流电阻、绝缘电阻等试验数据明显异常，表明该主变内部存在严重故障。

4. 原因及结论

1 号主变因线路电缆应力锥故障导致 B 相故障接地，跳开线路开关，1 号主变中压侧承受第一次短路电流冲击，短路电流 8.5kA（80 ms），主变未跳闸；随后线路重合闸动作，因 B 相故障未消除，重合失败，主变承受第二次短路电流冲击，短路电流 11.6kA（110 ms），主变在两次短路冲击后发生绕组变形、绝缘击穿，最终导致差动及重瓦斯保护动作跳闸。本次事件为一起近区短路引起的变压器损坏故障。

5. 后续工作

（1）开展 1 号主变更换抢修，加强现场抢修安全管控。

（2）加强 2 号主变状态跟踪管控，做好主变振动带电检测、油色谱跟踪排查工作。

（3）组织开展故障电缆头解体检查分析，进一步明确故障原因、同厂同批次设备隐患及后续整改治理措施。

二、调压开关故障

案例一 触头接触不良

1. 异常概况

10月30日，某变电站1号主变有载开关吊检时发现A相、C相偶数档动静触头之间的接触面及动触头与铜支架之间的银垫片存在过热烧蚀痕迹。

2. 设备信息

1号主变2004年8月生产，2005年3月投运，型号ODFSZ-250000/500。有载开关型号UCLRE1050/2400/Ⅲ，本次为第一次吊检。

3. 检查情况

10月30日，某变电站1号主变有载开关吊检时发现A相、C相偶数档动静触头之间的接触面及动触头与铜支架之间的银垫片存在过热烧蚀痕迹，见图2-18。测量主通流回路接触电阻A、C相分别为$776\mu\Omega$、$1740\mu\Omega$（标准$500\mu\Omega$）。因公司暂无备件，需进口采购，现场对A相全部12根触头、C相3根触头分接开关奇数侧、偶数侧主通流动触头和银垫片进行对调更换，处理后主通流回路电阻值满足要求。同时为确保运行可靠性，后续1号主变不在奇数档位运行。

图2-18 某变1号主变有载开关吊检现场检查图

4. 原因及结论

结合触头过热烧蚀痕迹及回路电阻等测试数据，分析认为偶数档主通流动触头和银垫片烧蚀的原因为：受损的A、C相主通流动、静触头接触部位和动触头、银垫片、铜支架之间因压紧力不足等原因接触不良，接触回路电阻增加导致过热烧蚀。

1号主变检修有载开关吊检异常事件暴露问题：

（1）有载分接开关吊检前期准备工作不充分，未针对部分缺陷涉及的备品备件进行配置，导致吊检发现缺陷后不能及时处理。

（2）有载分接开关吊检方案有待进一步完善，不同品牌型号产品吊检内容、消缺方式等内容存在差异，职责未完全明确。

5. 后续措施

（1）及时采购1号主变分接开关备品备件，结合停电再次开展主变分接开关吊检，更换异常触头。1号主变复役后开展有载开关油色谱检测，全面评估开关运行状态，发现异常即时处理。

（2）加强同型号产品吊检质量管控，分析异常原因，明确同型产品后续处理意见。

（3）做好同类厂家有载开关吊检易损件备品配备，细化吊检方案，确保开关检查全面到位，常规缺陷可即时有效处理。

案例二 过渡电阻断裂

1. 异常概况

3月20日，某变电站110kV 2号主变档位由10档调至9档，3月21日，2号主变档位由9档调至8档，此时2号主变第一套、第二套差动保护动作，2号主变有载重瓦斯保护动作，2号主变110kV、10kV开关跳闸。

2. 设备信息

2号主变2004年10月生产，同年投运，型号SZ9-40000/110，有载分接开关型号UCGRN 380/300/C，上次检修时间为2017年5月，各项常规试验均合格，短路阻抗、频率响应等各项电气试验数据均合格。

3. 检查情况

现场检查发现2号主变有载压力释放阀动作喷油，有载油位接近零位。打开2号主变有载分接开关切换开关检查，发现内部B相过渡电阻熔断，见图2-19，主变本体放油进行内部检查，发现A、B相调压线圈有散股现象，见图2-20。现场检查确认为这是一起变压器分接开关切换开关内部故障引起的变压器故障事件。

4. 原因及结论

经解体检查，确认变压器的故障直接原因为有载分接开关切换开关B相单数侧过渡电阻断裂。由于过渡电阻发生断裂，切换开关动作过程中缺少过渡电阻过渡，开关切换等效于带负荷拉闸，受切换电流和电动力的冲击，B相主触头发生了拉弧，弧光向上扩散，引起AB相间短路，变压器油在电弧作用下分解产生大量气体，引起有载重瓦斯动作，有载压力释放阀动作，主变跳闸。本次故障间接原因为切换开关过渡电阻在历次检修中已发生轻微损伤，但未能及时发现。

图 2-19　切换开关内部过渡电阻断裂

图 2-20　线圈 A、B 相调压线圈散股

5. 后续措施

（1）加强同类型 1 号主变的技术管理工作。购置过渡电阻备品，开展 1 号主变有载分接开关吊检工作，重点检查过渡电阻外观情况。

（2）完善作业指导卡，细化落实过渡电阻检查。变电检修室将过渡电阻外观检查和通流试验在作业卡中进一步细化落实，尤其是对过渡电阻弯曲部位检查，应进行痕迹化管理，对坏的过渡电阻进行更换。强化老旧主变有载分接开关管理。

（3）对运行 15 年以上的 110kV 主变分接开关，一个取样周期内分接开关动作次数超过 500 次的应增加油化试验检测，必要时停电检查。

案例三　油位计密封不良

1. 异常概况

4 月 12 日，220k 某变电站 1 号主变有载分接开关进行常规吊芯维保，打开有载分接开关盖板时，发现顶面有受潮锈蚀痕迹，存在严重安全隐患。异常原因为 1 号主变有载分接开关油位计密封圈老化严重，表面凹凸不平，导致外部水气进入开关内部。

2. 设备信息

有载分接开关型号为 RIII1200Y-123/C-10193WR，2009 年出厂，2010 年 12 月投运，上次检修日期 2016 年 10 月。

3. 检查情况

4 月 12 日，1 号主变有载开关进行常规吊芯检修，打开有载开关顶盖板时，发现顶面有受潮锈蚀痕迹，将绝缘油抽出，吊出有载分接开关切换机构，有载分接开关绝缘筒内部也有水锈蚀，见图 2-21。

图 2-21　有载分接开关顶盖及筒底存在明显水迹

经仔细检查发现，有载分接开关储油柜磁力式油位计密封圈处老化，连接处有锈蚀痕迹，取下密封圈观察，其表面凹凸不平，存在明显进水现象，见图 2-22。

图 2-22　有载开关储油柜磁力式油位计密封不良

处理：解体检修切换开关切换机构和绝缘筒，对零部件进行更换及除锈处理，见图 2-23，对开关进行常规检查，数据合格，将有载分接开关吊回绝缘筒内并注油，安装完成后进行连接校验及油耐压、微水试验，数据合格。1 号主变整体常规试验及耐压试验合格。为处理油位计表面的凹凸不平更换密封圈，并进行密封试验正常，图 2-24。

图 2-23　解体检修切换开关切换机构和绝缘筒

4. 原因分析

油位计密封圈在长时使用过程中逐渐老化，密封性变差；同时由于使用的密封圈质量不佳，密封圈表面存在凹凸不平，当天气低温时，由于密封圈冷缩，空气中的水气将沿凹凸不平的密封圈缝隙进入有载分接开关油枕内，这些水气慢慢沿着油管进入有载分接开关绝缘筒内，致使有载分接开关机构及箱体受潮锈蚀。

5. 异常结论

本次异常为油位计密封圈老化严重、表面凹凸不平导致水气进入有载分接开关油箱内部，导致绝缘油受潮及有载分接开关锈蚀。

图 2-24 油位计更换密封圈

6. 后续措施

(1) 要求厂家加强密封件质量管控，使用质量良好的密封件。

(2) 定期对主变有载分接开关油样进行微水、耐压等项目检测。

(3) 结合检修对油位计进行检查，特别是对油位计安装法兰处的防水检查。

三、出线套管故障

案例一 结构设计不合理

1. 异常概况

6月5日，500kV某变电站4号主变及三侧检修过程中，发现4号主变A相高压侧GOE套管乙炔含量严重超标，达到$136.99\mu L/L$，三比值结果（2，0，2），为低能放电，其他试验结果未见明显异常；同组B相、C相高压套管分别存在$0.7\mu L/L$、$0.1\mu L/L$的微量乙炔，其他特征气体未见异常。

2. 设备信息

4号主变A相高压套管为GOE系列套管，型号1675-1300-2500-0.6-B，2009年3月出厂，2009年12月投运。

3. 检查情况

6月21日，对该套管返厂开展试验和解体检查。

(1) 试验情况。试验项目包括（按顺序）：油中溶解气体分析、频域介电谱、介质损耗及电容量（高压）、局部放电、雷电冲击耐压、局部放电、工频耐压、介质损耗及电容量（高压）、外观、频域介电谱、油中溶解气体分析。试验各项电气试验数据未见明显异常，电气试验前后的套管各特征气体均有上涨。

（2）解体检查情况。解体检查涉及套管顶部、载流座、弹簧压紧系统、油密封管系统拉杆、电容芯体等，异常情况如下：

1）拉杆自底部至顶部第 2 个拉杆连接头下方存在黑色附着物（该位置与变压器本体油连通），拉杆表面存在多处黑色可擦拭附着物，见图 2-25。

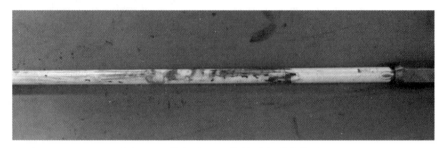

图 2-25 拉杆表面可擦拭黑色附着物图

2）压紧弹簧由 8 根弹簧导向杆组合与弹簧压板组成，其中 4 根导向杆与压板穿孔内边缘对应面均有放电烧蚀痕迹，1 号、3 号放电痕迹烧蚀明显，见图 2-26。

图 2-26 弹簧压紧系统解体检查图

3）定位油密封管（拉管）表面存在多处疑似黑色放电痕迹和电蚀小坑，呈多斑点散落式分布，见图 2-27。

图 2-27 三处典型放电烧灼痕迹图（尺寸为从顶部至底部）

4）电容芯体检查中发现外表面存在两处装配导致的绝缘纸损伤，见图 2-28；油中侧的第 50、75、105 屏（编号从内至外，共 115 屏）各存在点状疑似放电烧蚀痕迹，见图 2-29。

5）拉杆接线座等其他部位未见明显异常。

4．原因分析及结论

根据现场检测、返厂试验及解体检查情况，综合分析导致本次套管油色谱异常的主要原因为压紧弹簧的导向杆定位和金属结构设计不合理，造成分流放电或暂态过电压下的放电。

电容屏疑似放电烧蚀痕迹形成原因有待进一步分析。

图 2-28　电容芯体外表面损伤图

 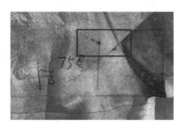 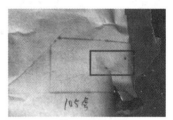

(a) 第50屏黑色痕迹　　　　　(b) 第75屏黑色痕迹　　　　　(c) 第105屏黑色痕迹

图 2-29　第 50、75、105 屏黑色痕迹图

5．后续工作

（1）对电容屏黑色疑似放电痕迹开展分析，明确形成原因。

（2）厂家提供该套管的试验解体分析报告。

（3）提供针对该系列套管的运维建议及后续整改方案，并提供压紧弹簧、电容芯体的工艺改进措施材料。

案例二　部件接触不良

1．异常概况

2 月 22 日，巡视 220kV 某变电站 2 号主变，发现 A、B 相高压套管接头部位温度偏高（负荷 198A、环境温度 19℃时，A 相 38℃、B 相 50℃、C 相 30℃）。

2．设备信息

2 号主变 2009 年 4 月出厂，2009 年 6 月投运，型号 SS-180000/220；220kV 套管厂家为某有限公司 2008 年生产，型号 BRLW-252/1250-3，头部为将军帽螺纹结构。

3．检查处理

于 5 月 27 进行停电消缺处理。在消缺时发现 A、B 两相套管将军帽螺牙咬死无法旋出，经破开将军帽进行检查，发现引线接头的螺牙与将军帽咬死，引线接头螺牙上部约

1/5 段受损，重新攻牙后引下接头线径减少，见图 2-30。经评估，引线接头与将军帽连接处存在通流能力不足隐患，对绕组线端引线接头进行更换处理。6 月 6 日，引线接头完成更换，主变复役。

图 2-30　螺牙咬死无法旋出、部分螺牙受损、攻牙后上段内径减小图

4. 原因及结论

穿缆 M 型结构套管将军帽与引线接头间采用螺纹连接，主载流面为螺纹接触面，该结构对安装工艺要求较高，长期运行过程中在振动作用下套管引线接头与将军帽结合部位接触不良，造成该位置电阻增大，引起局部过热。将军帽拆下之后发现内部螺牙有部分氧化痕迹，将军帽持续发热造成内部接触部分氧化，其连接螺纹发生涨缩变形，导致卡涩无法拆装。

5. 后续措施

（1）加强该套管备品备件储备，按典型套管类型配备不同规格的引线接头，作为应急处置备用。

（2）加强在运该套管状态监测，严格执行专业反措，加强红外测温等带电监测；新安装的变压器套管导电头不应采用螺纹连接结构。

（3）要求排查同类型套管发热缺陷，在停电前应准备相应规格的将军帽和引线接头，确保消缺备品备件齐全。

案例三　密封件不匹配

1. 异常概况

7 月 12 日，220kV 某变电站 1 号主变迎峰度夏特巡，发现低压侧套管法兰面渗漏油，初步判断渗漏点为 35kV 套管 A、B 相法兰连接处；持续跟踪发现渗漏油存在加剧趋势，13 日渗油速度达到每分钟 50 滴左右。

2. 设备信息

某变电站 1 号主变出厂日期 2009 年 4 月，投运日期 2009 年 12 月 7 日。型号 SF-SZ10-240000/220。最近一次检修时间 2021 年 3 月，无异常。

3. 检查处理

该主变于 7 月 16 日停电进行消缺处理，发现 35kV A 相套管安装法兰处有明显渗油，见图 2-31。拆除套管发现密封件为自制密封件，未采用厂家原配密封件，且圆条密封件制作搭接工艺不良。老化后在高温的影响下造成严重渗油。对 35kV 侧三相套管密封件进行更换，并将原来的密封件更换为套管原配梯形密封件后，完成消缺。

图 2-31　220kV 某变 1 号主变现场检查图

4. 原因及结论

套管安装法兰明显渗油原因为密封件不匹配，未采用厂家原配密封件，且自制圆条密封件制作搭接工艺不良。密封橡皮老化后，在高温的影响下造成严重渗油。

5. 后续措施

（1）要强化设备主、附件质量源头管控，严格材料选型，法兰密封件等材料应在设联会中明确选用原厂配件；同时加强现场安装工艺管控，加强现场材料管控，不得随意更换或代替使用，严格执行验收规范，确保安装质量。

（2）进一步加强迎峰度夏期间设备运行巡视和维护，重点关注油温、油位及渗漏油缺陷，发现缺陷及时处理。

案例四　密封件失效

1. 异常概况

1 月 12 日，220kV 某变电站 2 号主变在巡视过程中发现 110kV B 相套管油位异常升高，达到最大值。套管红外测温、紫外局部放电检测未见明显异常，主变油色谱离线及在线数据、局部放电带电检测均无异常。初步排除主变及套管内部电气故障，推测主变本体与套管存在密封不严，本体油内渗导致套管油位上升。

2. 设备信息

2 号主变 2010 年 7 月生产，2011 年 1 月投运，型号 SSZ10-180000/220，最近一次检修为 2020 年 4 月，无异常。110kV 套管由某公司 2010 年 6 月生产，型号 BRLW1-126/1250-4，穿缆顶套式结构。最近一次全面巡视为 2020 年 9 月 9 日，无异常。

3. 检查处置

2 号主变在巡视过程中发现 110kV B 相套管油位异常升高，在不停电情况下进行套管红外测温、紫外局部放电检测，未见明显异常，主变油色谱离线及在线数据、局部放电带电检测均无异常。

4. 综合分析

结合各项检测结果及套管结构特征，认为本次 2 号主变 110kV B 相套管油位异常偏高可能原因为套管头部油枕与中心穿缆铜管之间的密封圈密封失效，与穿缆铜管（主变本体油）联通，因主变本体油枕油位高于中压套管顶部，导致主变本体绝缘油内渗入套管油枕，导致套管油枕油位异常升高。该缺陷短期内不影响套管及主变本体绝缘，但主变本体绝缘油为 25 号克拉玛依油，套管采用尼纳斯油，存在混油风险，需结合停电进行处理。

5. 原因及结论

油位异常套管头部油枕与中心穿缆铜管之间的密封圈密封失效，与穿缆铜管（主变本体油）联通，因主变本体油枕油位高于中压套管顶部，导致主变本体绝缘油内渗入套管油枕，导致套管油枕油位异常升高。

6. 后续措施

（1）落实异常套管备品准备，做好现场安全管控措施，安排停电计划对异常套管进行停电更换处理。在更换完成前，应进一步加强套管油位、红外、紫外及主变油色谱、局部放电带电检测，加强运维巡视。

（2）针对异常套管组织开展返厂检查，结合前期运维检修情况梳理，进一步明确套管油位异常原因，明确同类型套管后续运维及处理策略。

（3）加强同类型套管油位巡视，发现问题及时处理。

案例五　压力异常渗漏

1. 异常概况

8 月 6 日，运检班运检人员在 220kV 某变电站巡视中发现，2 号主变 220kV C 相套管滴油，2s 一滴，油位指示已到底。现场 2 号主变 220kV C 相套管红外测温正常，A、B 相套管油位指示正常，C 相套管油位漏到油枕下限为止，套管瓷瓶油不再漏。

2. 设备信息

2 号主变型号 SFSZ10-240000/220，套管设备型号 BRDLW-252/1250-4，2 号主变

于 2016 年 9 月 27 日投产，上次检修时间为 2018 年 6 月 1 日。

3. 检查情况

（1）停电检查：发现套管油枕与瓷瓶法兰连接处密封圈有一处挤出导致漏油，从地面油迹看有油喷溅痕迹，怀疑为套管内部气体积聚。同时环境温度高导致压力骤升，将密封圈薄弱处挤出漏油。现场安排对 2 号主变 220kV 三相套管油化取样进行微水及色谱分析，试验结果显示氢气含量超标，见表 2-1。

表 2-1 油 化 试 验 数 据

设备名称	分析时间	氢气	甲烷	乙烷	乙烯	乙炔	总烃	一氧化碳	二氧化碳	微水	备注
2 号主变 220kV 套管 A	2018-6-2	8	2.2	0.2	0.1	0.0	2.6	263	92	5.5	
2 号主变 220kV 套管 B	2018-6-2	5	1.8	1.1	0.8	0.0	3.7	232	78	7.9	例行检修
2 号主变 220kV 套管 C	2018-6-2	7	1.3	0	0.1	0.0	1.4	129	77	10.5	
2 号主变 220kV 套管 A	2023-8-6	25.96	7.42	0.82	0.12	0.0	8.36	895.73	569.66	5.7	
2 号主变 220kV 套管 B	2023-8-6	25.6	7.33	0.82	0.12	0.0	8.27	843	432.66	8.0	C 相喷油故障
2 号主变 220kV 套管 C	2023-8-6	826.97	12.79	1.33	0.38	0.0	14.5	962.35	1058.48	4.6	

（2）主变试验情况：2 号主变高、中压侧套管绝缘电阻、电容量及介质损耗、频域介电谱、本体高压绕组连同套管电容量及介质损耗测量、当前档位（5 号档）直流电阻测试，数据见表 2-2，结果显示主变试验正常。

表 2-2 套管更换前主变试验数据

套管试验（共体）	频域介电谱含水量（%）	主绝缘电阻（MΩ）	末屏绝缘（MΩ）	介质损耗 $\tan\delta$（%）	实测电容（pF）	额定电容（pF）	电容量出厂值差（%）
A	1.0	>10000	>1000	0.348	429.5	434	−1.04%
B	1.0	>10000	>1000	0.354	430.8	439	−1.87%
C	1.8	>10000	>1000	0.378	430.7	435	−0.99%
O	0.8	>10000	>1000	0.215	308.0	311	−0.96%
Am	0.2	>10000	>1000	0.349	362.3	361	0.36%
Bm	0.4	>10000	>1000	0.344	358.9	358	0.25%
Cm	0.3	>10000	>1000	0.349	355.3	355	0.08%
Om	1.0	>10000	>1000	0.202	440.1	437	0.71%
本体（高压侧）	—	>10000	—	0.219	15520	—	—
试验仪器	频域介电谱测试仪、介质损耗测试仪						
项目结论	合格						

新套管交接试验，包括绝缘电阻、电容量及介质损耗测量、频域介电谱测试，更换后进行本体高压绕组连同套管电容量及介质损耗测量、当前档位（5号档）直流电阻测试及消磁操作，试验数据见表2-3，结果正常。

表 2-3 新套管试验及更换后试验

套管试验（共体）	频域介电谱含水量（%）	主绝缘电阻（MΩ）	末屏绝缘（MΩ）	介质损耗 tanδ（%）	实测电容（pF）	额定电容（pF）	电容量出厂值差（%）
A	0.2	>10000	>1000	0.254	410.9	411	−0.02%
B	0.3	>10000	>1000	0.234	409.0	411	−0.49%
C	0.2	>10000	>1000	0.308	408.8	412	−0.78%
本体（高压侧）	/	>10000	/	0.212	15460	/	/
试验仪器	频域介电谱测试仪、介质损耗测试仪						
项目结论	合格						

更换前后直流电阻试验

| 相别 分接 | 高压（mΩ） | | | | |
	A-O	B-O	C-O	不平衡率（%）	油温（℃）
修前（档位：5）	253.5	253.1	254.6	0.59	38
修后（档位：5）	253.0	252.8	254.0	0.47	38
试验仪器	变压器直流电阻测试仪（三相）				
项目结论	合格				

4. 原因分析

8月3日，运检班已安排对异常套管进行例行巡视，视频回放显示巡视人员已对2号主变进行巡视，且对套管地面处进行了巡视，未发现异常，说明在8月3日当天，C相套管不存在渗漏油问题。

8月6日，检修人员到达现场，经专家现场判断，油迹为新油；从地面油迹观察，发现有油喷溅痕迹；结合油化试验数据，分析原因为套管内部存在绝缘纸干燥不彻底现象，在正常运行过程中不断释放气体，导致内部气体积聚，最终将套管密封圈薄弱处挤出，导致漏油。

5. 后续措施

（1）加强同类型套管的巡检和红外线检测。

（2）安排故障套管的返厂解体，分析原因。

四、其他组部件异常

案例一 密封圈破裂

1. 异常概况

6月24日13时，500kV某变电站巡视发现1号主变B相本体低压侧快速漏油，现场检查确认主变顶部低压侧位置严重漏油（多处油水混合物流下），油枕油位持续下降，天气小雨。考虑漏油速度较快，油位持续降低接近下限，存在轻、重瓦斯动作风险。为确保电网设备安全运行，经网调确认某限额可控，申请拉停主变，避免了主变因严重漏油导致跳闸。现场停电检查发现 1 号主变 B 相油温 1（顶层油温）温度计底座密封圈断裂，更换密封圈后按油位油温曲线补油并充分排气。进一步对 1 号主变三相共 9 支温度计底座进行预防性密封补强处理后，1 号主变于 6 月 25 日 8 时 22 分恢复运行。

2. 设备信息

500kV 某变 1 号主变 2021 年 10 月出厂，2022 年 1 月投运，型号 ODFS-334000/500。主变采用波纹内油式储油柜，型号 BP1N1250X4900-4700。

3. 检查情况

1 号主变改检修后检查，漏油点位于 B 相油温 1 底座与本体密封部位（温度计底座通过螺纹连接结构与变压器箱盖连接固定，密封圈起密封作用），密封面涌流明显，见图 2-32。拆除温度计底座发现密封圈已无弹性，整体多处裂纹且已断为两截，见图 2-33。

图 2-32　1 号主变 B 相漏油处

4. 原因及结论

判断漏油原因为温度计底座安装不到位使密封圈受到非正常挤压，或者密封圈材质不良，随着近期温度上升，变压器内部压力增加导致密封圈突然破裂，造成密封失效而快速漏油。

5. 后续措施

（1）进一步开展原因分析，分析密封面安装结构及密封圈材质，明确异常原因及后续改进措施。

（2）加强运维巡视工作，开展同类型渗漏油隐患排查，重点对某公司在运同厂家 9 组变压器进行排查。

（3）该设备投运时间不到半年即出现严重漏油事件，暴露出厂家的厂内安装工艺控制不到位，后续联合物资部、建设部做好设备质量事件问责处置工作。

图 2-33 1 号主变 B 相温度计底座密封圈照片

案例二 密封圈压缩异常

1. 异常概况

3 月 23 日，检修人员对某变电站 2 号主变巡视，发现压力释放阀升高座底部有轻微油渍和虫迹现象，主变上部未发现明显渗漏点和悬挂油滴。当天主变油位为 3.2 格，分接开关油位 3.5 格，对照油位曲线及油温，均为正常油位。

2. 设备信息

主变设备 2022 年 5 月生产，2022 年 6 月投运型号为 SZ11-50000/110，安装后为进行检修。

3. 检查情况

5 月 20 日，结合主变停电，检修人员发现压力释放阀升高座底部有轻微油渍和虫迹，见图 2-34。检修人员对压力释放阀升高座底部法兰密封进行了更换处理，对螺丝加强紧固，同时对 110kV 套管升高座、铁心夹件小瓷套、温度计座等附件法兰面也做紧固力检查，将压力释放阀升高座底部虫迹、油渍清理干净，5 月 21 日隔天作业观察未发现新渗油出现，见图 2-35。

4. 原因及结论

2 号主变压力释放阀升高座底部蝶阀上下法兰面贴合较紧，缝隙距离较小，判断法兰面密封圈厚度偏薄，压缩量不够，密封圈受冷收缩，造成间发性渗油。

5. 后续措施

（1）加强主变安装质量，对主变原厂密封在安装时必须进行检查。

（2）密封面橡皮规格要符合设计要求，加强主变各阶段验收。

图 2-34　渗油处理前　　　　　　　　图 2-35　渗油处理后

案例三　隐蔽油管破损

1. 异常概况

9 月 21 日，某站监控后台显示"3 号主变油位异常"，现场检查发现 3 号主变 B 相主体变油位表指示为下限值。检查主体变周边油路无明显渗油痕迹，红外测温发现主体变油枕油位液面较低，运检人员利用 U 形连通管对真实油位进行检测，确认油枕内液面在油枕底部上方约 20cm 处。对 3 号主变 B 相主体变开展深入排查和分析，清空油坑鹅卵石，搬除格栅，最终发现渗油点位于油坑格栅下油色谱在线监测柜与主变本体的连管中间部位，后续密切跟踪油位变化情况，立即组织进行带电补油，至 9 月 22 日 12 点 30 分补油完毕。

2. 设备信息

某站 3 号主变型号为 ODFPS-1000000/1000，出厂日期为 2014 年 6 月，投运日期为 2014 年 12 月。油位计生产厂家为某有限公司，型号为 YZF5-186×296（TH），投产以来该型号油位计曾发生 3 次油位指示异常但实际油位正常情况。

3. 检查情况

发生 3 号主变油位异常告警后，检查发现 3 号主变 B 相主体变油位指示表显示为下限值，红外测温显示液面较低，气体继电器内无集气，呼吸器呼吸正常，现场油温、绕温与负载曲线匹配，除 8 号油流继电器法兰轻微渗油外（一直处于跟踪状态，约 10min一滴），主变周边未见明显渗油痕迹。怀疑渗漏点可能位于地下隐蔽部位，随即关闭油色谱在线监测进油阀及回油阀，同时密切监视油枕内油位情况。利用连通管原理测量油枕内的真实油位情况，测得 3 号主变 B 相主体变实际油位在油枕底部上方约 20cm 处。为查找确切渗油点，清除主变油坑中的鹅卵石及格栅，发现油色谱在线监测柜底部埋管部位存在明显油迹和残油滴漏，确定渗油点位于油色谱在线监测柜与主变本体连管中间部位。

4. 原因及结论

油色谱监测装置进油管存在漏点，长期渗漏使油位缓慢降低，油位低至告警位时监控系统发出油位异常信号。油色谱监测装置进油管漏点位于外护钢管焊接处，分析漏油原因可能为进油管振动与外护钢管焊接处内侧突起长期磨损，最终导致油管管壁破穿漏油。

5. 后续措施

（1）立即开展特高压主变（高抗）油色谱在线监测装置油路检查，特别是地下隐蔽部分的全面排查。

（2）开展油浸设备油位红外测温，确认实际油位与油位计指示油位的一致性，比对实际油温油位与铭牌曲线的一致性。

（3）再次全面梳理油浸设备现存渗漏油缺陷，逐条分析原因，针对性制定处置策略。

（4）开展专项运检技能提升，结合本次事件提高异常处理能力。

第二节　电　压　互　感　器

案例一　末屏断裂

1. 异常概况

3月8日，某500kV变电站1号主变500kV电压互感器A相例行试验时发现下节电容单元C11电容量116.5pF（初值19190pF），介质损耗3.309％，严重超标，现场进行更换处理。3月14日，解体检查前首次试验数据正常，晃动后复测电容量介质损耗数据异常，局部放电试验中加压至20kV出现明显局部放电，且伴有异响。解体检查发现下节法兰与电容芯体连接铜片断裂，连接片断裂处呈撕裂状态，局部有放电烧蚀痕迹，下节绝缘油发黑，油中有明显黑色细小碳颗粒，下节电容芯体试验无异常。

2. 设备信息

某变500kV电压互感器型号为TYD3 $500/\sqrt{3}-0.005$H，出厂日期为2014年。

3. 结论

生产厂家生产工艺管控不到位，法兰与电容芯子电气连接结构不合理，连接铜片易与膨胀器接触摩擦，长期运行过程中在膨胀器呼吸作用长期受摩擦拉伸导致局部撕裂破损，甚至断裂，导致断裂部位放电发热或试验异常，见图2-36。

4. 后续措施

（1）加强该类型设备的红外检测，发现有温升异常问题，立即安装处置。

（2）全面梳理运行中该型式压变数量及间隔，制定针对性检修策略。

（3）采购备品，逐步开展该设备的更换工作。

(a) 电容器顶部连接线断裂

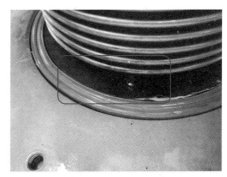

(b) 顶部盖板螺丝周围放电痕迹

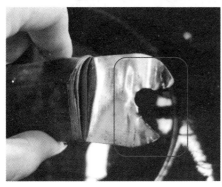

(c) 连接铜片断裂缺口

(d) 连接铜片断裂部分

图 2-36 法兰与电容芯子电气连接结构不合理导致断裂及发热情况

案例二 绝缘性能下降

1. 异常概况

3 月 16 日，开展某 220kV 变电站某线路电压互感器 A 相试验时，介质损耗试验采用自激法在分压电容末端 N 点加压 2kV，无法升压至测量值；测量分压电容 N 端绝缘电阻为约 10Ω，3 月 18 日结合综合检修完成异常设备更换。3 月 31 日解体检查发现电压互感器下节电容末端存在金属异物，电容与法兰被短接，导致 N 端子绝缘偏低。

4 月 20 日，开展某 220kV 变电站某线路 C 级检修时，发现 A 相下节电容器 C12 电容量初值差＋3.35％（注意值±2％），介质损耗 0.00231（注意值 0.0025），C12 电容量超标、介质损耗接近临界值。解体检查过程中测量下节电容器 C12 电容芯子中三个电容元件电容量无法测出，拆解发现该三个电容元件不同程度击穿，击穿点位于元件的引箔边缘处，见图 2-37。

12 月 8 日，某 220kV 变电站 220kV 正母 $3U_0$ 告警，告警电压为 1.7V，现场测量确认 C 相电压互感器二次电压较 A、B 相偏高 1V。开展停电试验，检查发现 220kV 正母电压互感器 C 相上节 C11、C12 电容量分别增大 1.17％、1.57％，进行更换处理。

图 2-37　铝箔放电痕迹

2. 设备信息

第一起事故的 220kV 电压互感器型号为 TYD 220/$\sqrt{3}$－0.005H，2008 年投运。

第二起事故的 220kV 电压互感器型号为 TYD220/$\sqrt{3}$－0.005H，2011 年生产，2013 年 1 月投运。

第三起事故的 220kV 电压互感器型号为 TYD220/$\sqrt{3}$－0.005H，2009 年投运。

3. 结论

某公司早期 220kV 电压互感器生产工艺控制不良，电容间膜纸绝缘材质不佳，在长期运行后易出现绝缘性能下降、耐受过电压能力较差及密封圈老化等问题，运行风险较大。

4. 后续措施

已列入公司变电年度反措。

案例三　绝缘材料劣化

1. 异常概况

4 月 8 日，某 220kV 变电站 35kV Ⅱ段母线电压异常，后台显示 U_A＝36.19、U_B＝37.69、U_C＝1.39、U_{AB}＝36.34、$3U_0$＝233，后检查为 35kV Ⅱ段母线压变 C 相故障，压变外观正常，绝缘电阻测试数据：A、B 相绝缘测试数值为 40GM，C 相绝缘测试时电压升不上。

2. 设备信息

该母线压变型号为 JDZX9-35，额定输出 50/50/50/100VA，准确度等级 0.2/0.5 (3P)/0.5(3P)/6P，额定电压比 （35/$\sqrt{3}$）/(0.1/$\sqrt{3}$)/(0.1/$\sqrt{3}$)/(0.1/$\sqrt{3}$)/0.1/3kV，生

产日期 2014 年 5 月，投运日期 2015 年 3 月，最近检修时间为 2017 年 11 月。

3. 现场试验及解体检查情况

（1）现场试验情况：对故障相（C 相）及非故障压变（B 相）进行试验，试验数据见表 2-4。

表 2-4　　　　　　故障相（C 相）及非故障压变（B 相）试验数据

试验项目		140524234 故障相压变	140524235 非故障相压变	出厂试验标准
一次 A 对二次绕组绝缘电阻（MΩ）	对 1a	0	≥2500	≥2500
	对 2a	50	≥2500	≥2500
	对 3a	2500	≥2500	≥2500
	对 da	2500	≥2500	≥2500
N 对地绝缘（MΩ）		0	≥2500	≥2500
二次对地绝缘（MΩ）	1a1n	0	≥2500	≥2500
	2a2n	50	≥2500	≥2500
	3a3n	2500	≥2500	≥2500
	dadn	2500	≥2500	≥2500
一次直流电阻（Ω）AN		1655	2330	2360
二次直流电阻（Ω）	1a1n	0.049	0.047	0.049
	2a2n	0.068	0.070	0.070
	3a3n	0.068	0.066	0.067
	dadn	0.044	0.039	0.039

（2）解体检查情况：编号 140524235（非故障相压变）从试验数据和解剖都未发现异常现象。编号 140524234（故障相压变）的损坏情况：一次绕组对二次 1a1n 绕组绝缘击穿，同时对地绝缘击穿；一次绕组有损伤，二次绕组对地绝缘有损伤，但通过直流电阻测量结果看，绕组内部没有损伤。二次的 1a1n 绕组在整个二次绕组的最外层，即最靠近一次绕组的部位，该产品为半绝缘结构型式，一、二次之间的绝缘水平为 3kV，一次末端（即 N）对地绝缘水平为 3kV 或 5kV。通过绝缘损伤的情况可以推断：该产品生产过程中工艺质量存在问题，虽然交接试验项目全部合格，但是在长期运行情况下，该绝缘材料逐渐劣化，导致绝缘击穿，即产生一次对二次及地击穿。能从产品上看到的证据为 N 端线根部有一处明显的放电痕迹，见图 2-38 中的黑色部分。

4. 综合分析

当 N 端对地放电时，通过一次绕组的电流会瞬间增大，较大的电流会导致一次绕组发热，从而损伤一次绕组。从测量结果上看，一次绕组的直流电阻异常，比正常情况小很多，说明一次绕组内部已经烧毁。

图 2-38　绝缘损伤图

5. 结论

结合测试和解剖的结果，认为该产品损坏的原因为产品生产过程中工艺质量存在问题。

6. 后续措施

（1）加强带电检测，及时发现设备隐患。

（2）加强各类设备备品备件储备，加快故障处置速度。

案例四　密封不良

1. 异常概况

4月29日，某220kV变电站监控后台报某线路电压互感器失压。现场检查发现该线路电压互感器二次电压仅为2.2V，且电压互感器本体偶有异响。红外测温发现电压互感器电磁单元油箱有明显发热迹象。申请停电开展诊断试验，发现该电压互感器电磁单元中间变一次绕组存在异常，5月6日异常电压互感器完成更换。

2. 设备信息

该线路电压互感器2009年生产，2010年投运，型号TYD220/$\sqrt{3}$－0.005H，上次检修日期2022年4月。

3. 结论

分析认为电压互感器下节电容单元法兰与电磁单元油箱密封不良是导致此次电压互感器失压动作的主要原因，密封不良导致的情况见图2-39。电压互感器在长期运行后该处密封失效，引起油箱密封圈金属凹槽锈蚀，凹槽与橡胶密封圈之间的缝隙进一步扩大，外界水分、潮气不断进入电磁单元油箱内，油中含水量增大，绝缘油绝缘强度恶化降低，引起中间变一次绕组高压静电屏固定绝缘纸板受潮，最终发展为中间变一次绕组高压静电屏对地击穿。

(a) 电磁单元水分痕迹

(b) 绝缘油颜色浑浊、密封锈蚀严重

(c) 电磁单元油箱内油污沉积

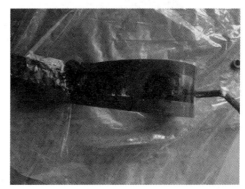
(d) 高压静电屏放电痕迹明显

图 2-39　密封不良导致情况

4. 后续措施

（1）加强运行巡视，及时发现设备隐患。

（2）落实技术措施，在设备例行检修时，加强对该部位的密封性能检测。

（3）加强设备备品备件储备，加快故障处置速度。

案例五　连接法兰片断裂

1. 异常概况

4月25日，某1000kV特高压变电站某线电压互感器B相红外跟踪发现电压互感器下节电容单元上法兰温升达9K。2021年3月首次发现该电压互感器发热，最高温升约4K，2022年12月后发热异常消失，其余两相红外跟踪无异常。5月4日完成电压互感器B相更换，对拆除电压互感器开展介质损耗及电容量试验，未见明显异常。解体检查发现下节电容单元上盖板一次连接片从连接螺栓处与上盖板脱开，连接螺栓位置有一次连接片残留，膨胀器、瓷套对应位置有明显黑色烧蚀痕迹。现象与某 500kV 变电站 1 号主变 500kV 电压互感器 A 相类似，均为法兰与电容芯体连接片断裂。

2. 设备信息

异常电压互感器 2014 年生产，型号 TYD3 $500/\sqrt{3}-0.005H$。

3. 原因及结论

某厂内生产工艺管控不到位，法兰与电容芯子电气连接结构不合理，连接铜片易与膨胀器接触摩擦，长期运行过程中膨胀器呼吸作用下长期受摩擦拉伸令局部撕裂破损，甚至断裂，导致断裂部位放电发热或试验异常，如图 2-40 所示。

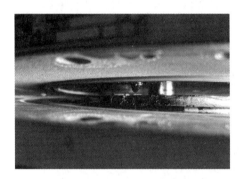

(a) 一次连接片与上盖板脱开

(b) 一次连接片存在缺口

(c) 膨胀器黑色烧蚀痕迹

(d) 瓷套侧面黑色烧蚀痕迹

图 2-40 法兰与电容芯子电气连接结构不合理导致情况

4. 后续措施

(1) 加强该类型设备的红外检测，发现有温升异常问题，立即安装处置。

(2) 全面梳理运行数量及间隔，并制定针对性检修策略。

(3) 采购备品，制定计划，尽快更换该设备，消除隐患。

案例六　N端接地线脱落

1. 异常概况

7月4日，某220kV变电站机器人在对220kV设备区域进行测温时，发现某线路压变发热54.72℃，环境温度32℃，机器人系统报测温"异常"（见图2-41）。7月5日运维人员数据核实发现该问题，并安排人员7月6日核实；7月6日运维人员在对该发热点位进行确认时，发现某线路压变二次端子箱底部小瓷瓶测温441℃（见图2-42），属于危急缺陷，申请紧急停电处理。

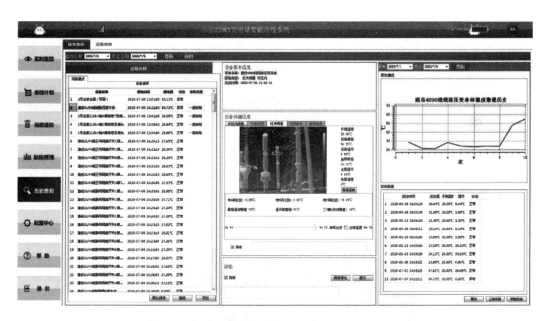

图2-41　7月4日某变某线路压变测温告警54.72℃（机器人）

图 2-42　7 月 6 日某变某线路压变发热 441℃（人工）

2. 设备信息

220kV 某变某线路压变生产厂家为某公司，生产日期为 2007 年 4 月，型号为 WVL220-5H。最近一次检修时间为 2018 年 10 月，工作内容为某线间隔综合检修。2020 年 5 月，实施某线间隔保护光纤化改造。

3. 现场试验及解体检查情况

7 月 6 日 11 时 58 分，某公司变电检修室完成应急抢险单许可，对某线路压变开展故障检查及处理。现场检查发现该压变 N 端接地线靠近 N 端侧铜鼻子接头脱落，N 端放电间隙及小瓷瓶有明显放电及发热痕迹，见图 2-43。

图 2-43　故障点

线路压变电气试验合格，油箱内油化试验结果总烃超标（乙烷含量偏大），见图 2-44，存在 300 ℃以下高温过热，因此判断线路压变内部部件已有过热，需更换压变。

当天开展线路压变更换工作，并于 7 月 6 日 21 时 10 分完成更换工作，某线于 23 时 01 分复役。

4. 综合分析

在 5 月开展某变某线路保护光纤化改造工作时，现场施工人员在拆除某线阻波器、耦合电容器、结合滤波器等设备后，对线路压变 N 端恢复接地时，接地线铜鼻压接工艺不良，接地线冷压头压接不紧。在运行过程中接地线与铜鼻子脱开，接地铜鼻子与接地线间隙距离超过了放电间隙距离，放电间隙放电发热。

5. 结论

（1）施工单位施工人员对接地线压接关键工艺不到位，导致接地线与铜鼻子脱开。

（2）运维单位、检修单位验收不到位。保护光纤化改造后未对设备接线进行仔细检查，未发现明显工艺质量缺陷。

（3）检修单位精益化整治不到位。2018年综合检修未进行开箱检查，未及时发现端子箱严重锈蚀缺陷并及时组织处理。

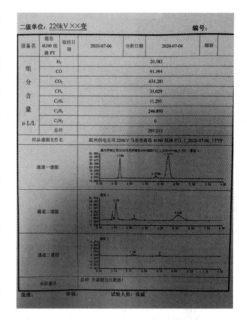

图 2-44　线路压变油化试验结果

6. 后续措施

（1）加强施工工艺管控，规范压接工艺，加强外包项目过程管控，加强施工工艺质量管控。

（2）加强综合检修管理，全面做好修前踏勘，对检修范围内设备进行全面梳理、制定针对性检修策略，停电期间做好开箱检查和设备精益化整治；明确设备检修管理责任，严防出现检修盲区。

（3）加强改造验收管理。严格执行验收执行卡，对二次接线应采取拽拉等手段防止接线松动情况发生，防止出现验收盲区。

案例七　N 点接地不可靠

1. 异常概况

3月10日，某220kV变电站巡查过程中发现某线路压变渗油，油位观察窗内看不出油位，地上有明显油迹，渗油速度现场巡查人员目测为10s下落一滴。该变一次系统图如图 2-45 所示。

2. 设备信息

某线路压变为某公司生产，压变现场铭牌如图 2-46 所示，型号为 TYD220/$\sqrt{3}$，2007 年 6 月出厂，2007 年 10 月投运。某间隔上次检修日期为 2020 年 6 月。2023 年 12 月，某间隔配套 220kV 某输变电工程开展线路侧 GIS 电流互感器更换，阻波器、耦合电容器、结合滤波器拆除等基建工作，施工单位为某公司。

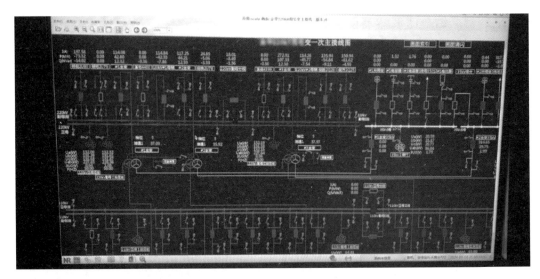

图 2-45　220kV 某变一次系统图

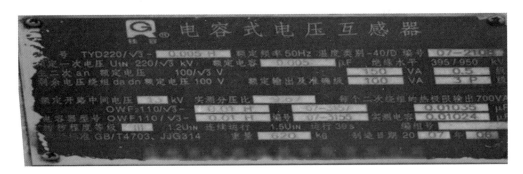

图 2-46　某线路压变现场铭牌

3. 异常发现过程

220kV 某变于 2024 年 3 月 5 日进行了一次例行巡视，由于当时白天下大雨天气非常恶劣，运行人员在某变等待省调永莹和永乡双线的复役操作，到晚上进行某变例行巡视，当晚夜间巡视未发现明显异常。

由于近期雨雪天气结束，2024 年 3 月 10 日增加了一次某变的例行巡视。由于当天天气晴好，当值巡视仔细、到位，发现了某线路压变渗油的情况，见图 2-47。

4. 现场试验及解体检查情况

（1）现场试验情况：运维人员在巡视过程中发现某线路压变下方存在油迹后立即上报生产指挥中心，明确现场某线路压变油位已低于下限。现场人员在现场检查过程中未听到明显异响，使用红外测温枪对现场设备进行红外测温跟踪，未发现现场设备明显发热情况。班组利用高清摄像头对异常设备进行持续性跟踪观察见图 2-48，利用红外测温枪对异常设备进行持续性跟踪测温见图 2-49。

图 2-47　某线路压变现场渗油情况

图 2-48　班组利用高清摄像头对异常设备进行持续性跟踪观察

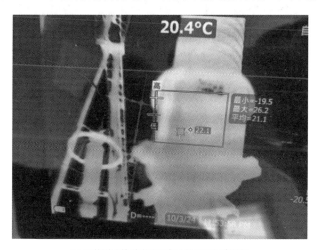

(a) 红外测温枪对线路压变油箱正面跟踪测温

图 2-49　班组利用红外测温枪对异常设备进行持续性跟踪测温（一）

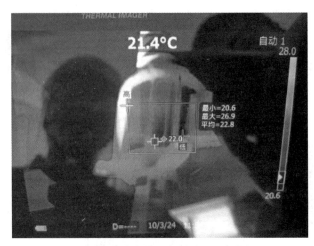

(b) 红外测温枪对线路压变油箱背面跟踪测温

图 2-49　班组利用红外测温枪对异常设备进行持续性跟踪测温（二）

（2）解体检查情况：经检查，压变 N 点端子与 dn 端子之间存在明显灼烧痕迹，N 点接地连接线灼烧断裂，断裂位置为 N 点接线鼻子处，有焦灼接线鼻子残留。dn 端子左下方焦灼处有明显渗油痕迹，见图 2-50。

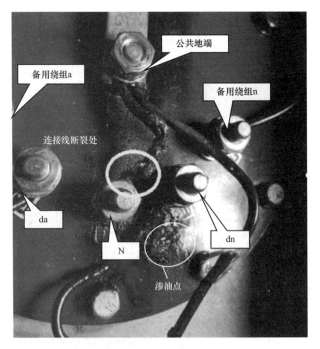

图 2-50　现场压变二次接线盒检查情况

5. 结论

结合现场检查情况，本次故障直接原因为某线路压变 A 相 N 点接地不可靠，运行时放电拉弧发热使压变密封劣化，压变渗漏油。

现场检查压变 N 点存在明显灼烧痕迹，接地引线灼烧断裂，断裂位置为 N 点接线鼻子处。怀疑 2023 年 12 月某线路结合滤波器拆除后，线路压变 A 相 N 点恢复接地时，引线制作过程中剥线时损伤线芯并存有切口，受损点隐藏在方向套内，运行一段时间后受损切口断裂串入高压拉弧，烧灼方向套及绝缘外皮，后续向邻近的 dn 点发展，并灼伤二次接线板，形成碳化接地回路。压变接地时容抗为 $1/\varepsilon C$ 约 637kΩ，在相电压下接地电流约为 $220/\sqrt{3} \times 637 = 0.2$（A）。压变运行时 N 点持续发热，劣化 N 点及 dn 点接线柱的密封，最终致使 N 点及 dn 点接线柱持续渗油。

6. 后续措施

（1）本次采取的措施为对密封损坏的电压互感器进行更换，后期需要加强对新更的设备状态监测。

（2）在对基建工程的验收中，对于涉及电压、电流互感器的，在确保回路正确的同时，还要加强制作工艺的检查管控，尤其是对接线头制作及压接质量进行管控，确保完好。

（3）运维人员继续加强此轮寒潮后的特巡特护，尤其是重点对充油充气设备检查，以确保现场设备正常运行。

案例八 密封弹性失效

1. 异常概况

7 月 19 日，某 500kV 变电站巡视发现 220kV 正母 Ⅱ 段电压互感器 B 相渗油。检查期间（2h）仅可见电磁单元固定螺栓存在油珠，无油滴；14 时，电压互感器 B 相漏油加速，判断漏油点位于电压互感器电容单元（约每分钟 5～6 滴）。对电压互感器进行更换处理，解体检查发现异常电压互感器上节电容单元下法兰面密封圈厚度 5.28mm（设计厚度 8mm），压缩量略大且密封圈弹性明显较其他密封圈差。

2. 设备信息

异常电压互感器 2000 年 12 月生产，2002 年 3 月投运，型号 TYD $220/\sqrt{3} - 0.01$H，上次检修时间 2018 年 6 月。

3. 结论

综合电压互感器解体检查情况，分析认为电压互感器上节电容单元漏油原因为下法兰密封圈压缩量过大且老化较严重，在高温情况下电压互感器电容单元内部压力增大，导致密封失效。

4. 后续措施

（1）排查运行中 2000 年前后生产的该型式互感器的数量。

（2）制定技术方案，加强特巡，重点监测运行渗漏油情况。

（3）采购备品，加快对该老旧设备的改造更换工作。

案例九　密封件老化

1. 异常概况

2020 年 8 月 24 日 21：20，某 220kV 变电站运维人员在夜间特巡时，通过压变瓷瓶表面反光发现 220kV 正母压变 A 相下节瓷瓶有油迹，现场检查地面无油迹，红外检测无异常，见图 2-51。

图 2-51　压变瓷瓶表面反光与红外检测

变电检修室检修人员到现场后，确认某变 220kV 正母压变 A 相上下节电容单元连接法兰部分渗漏。现场当即向调度申请停役 220kV 正母压变，并于 8 月 25 日对异常电压互感器进行了更换。

2. 设备信息

220kV 正母压变（二次：$100/\sqrt{3}$，$100/\sqrt{3}$，100V）型号 TYD220$/\sqrt{3}-0.02$H，生产日期 2001 年 7 月，最近一次停电检修为 2018 年 6 月，对电压互感器进行 C 级检修及例行试验，各项试验数据均合格无异常。

3. 异常发现过程

现场确认电容单元渗油后，当即向调度申请停役该间隔。考虑某变 220kV 正母压变已运行近 20 年，25 日对异常 A 相及其余 B、C 相电压互感器进行了停电更换。更换后电压互感器运行正常，状况良好。

4. 现场试验及解体检查情况

（1）现场试验情况：25 日对正母压变三相进行了更换，并对更换下来的异常压变进行了检查。检查发现下节电容单元顶部法兰和上部瓷瓶有油迹，但顶部无油迹，上节电容单元底部无油迹，见图 2-52～图 2-54。初步确认，渗油部位位于下节电容单元顶部密封处。

图 2-52 下节电容单元顶部法兰

图 2-53 上节电容单元底部 　　　　图 2-54 下节电容单元顶部

9 月 2 日，对更换下来的异常电压互感器进行试验，试验结果见表 2-5，试验合格。

表 2-5 　　　　　　　　　　　　　试 验 报 告

电容部分绝缘电阻	A					
	C 上	C 下	a1n1	a2n2	dadn	N-对地
绝缘电阻（MΩ）	50000	50000	5000	5000	5000	5000

试验仪器：绝缘电阻测试仪　　　仪器编号：ER11XS09

项目结论：与 2020 年 5 月 8 日例行试验历史数据相符，合格

介损及电容量	试验电压（kV）	介损 $\tan\delta$（%）	介损 $\tan\delta$ 历史值（%）	电容量（pF）	电容量历史值（pF）	电容量额定值（pF）	电容量额定值差（%）
C 上	10	0.057	0.054	39550	39430	38800	1.93
C 下 1	0.5	0.054	0.032	50800	50770		
C 下 2	0.5	0.055	0.06	168200	168800		
C 下				39015.2	39030.7	38800	0.55

试验仪器：介损电桥　　　仪器编号：EC02XS27

项目结论：合格

下节电容解体后，取下节电容单元绝缘油开展相关油化试验，试验结果见表 2-6。

表 2-6   油 化 结 果

H_2 ($\mu L/L$)	CH_4 ($\mu L/L$)	C_2H_6 ($\mu L/L$)	C_2H_4 ($\mu L/L$)	C_2H_2 ($\mu L/L$)	总烃 ($\mu L/L$)	CO ($\mu L/L$)	CO_2 ($\mu L/L$)	耐压 (kV)	介损
2224	5.8	2.6	0.4	0	8.8	216	1768	68.1	0.096%

（2）解体检查情况：9 月 2 日开展异常压变解体工作前对压变进行了检查，下节电容瓷瓶和上部法兰处油渍明显增多，上节电容底部和地面均无渗油，见图 2-55，确定渗油部位为下节电容顶部密封处。

图 2-55 电容瓷瓶检查

检查膨胀器，无破损进油现象，见图 2-56；检查瓷套顶部平面，平整无异常；检查顶部密封面凹槽，平整无异常；检查顶部密封件，密封件完整，弹性变差，存在轻微老化现象。

图 2-56 膨胀器检查

5. 结论

220kV 某变 220kV 正母压变 A 相 2001 年出厂，2002 年投运，运行近 20 年，设备老旧，密封件老化严重，加上近期某温度较高，油压升高，引起渗油。

6. 后续措施

（1）加快对老旧互感器更换进度。目前某地运行超过 15 年的 220kV 电压互感器共60 只，其中线路压变 31 只，母线压变 29 只。有的变电站技改项目已下达，有的则已申报下年技改项目储备。

（2）做好备品储备工作，及时应对设备突发情况。

（3）加强老旧电压互感器运维巡视，重点关注老旧电压互感器电容单元渗油情况。

（4）在极端天气下，加强充油设备巡视力度，提前做好准备工作，及时安排渗漏油缺陷、油位低缺陷处理工作。

第三节　电 流 互 感 器

案例一　末屏跨接接地

1. 异常概况

3 月 9 日，检测人员在对某 220kV 变电站某线电流互感器进行相对介质损耗因数及电容量比值检测过程中发现，某线 A 相电流互感器末屏泄漏电流数值和相对电容量比值均较 B、C 两相明显偏低，而相对介质损耗因数数值则在检测设备中显示为无。后检测人员又对某线电流互感器进行高频局部放电试验，发现 A 相电流互感器高频局部放电值与背景噪声接近，远小于 B、C 两相，初步判断某线 A 相电流互感器末屏存在绝缘缺陷。4 月 1 日，某线停电后进行试验，认为存在绝缘不良缺陷，并利用绝缘胶带对接地线重新进行处理后将某线投运。

2. 设备信息

110kV 某线电流互感器型号为 LB7-110W2，出厂编号 10050533/5/7，出厂日期为2010 年 6 月 1 日。

3. 异常发现过程

3 月 9 日，检测人员在对 220kV 某变某线电流互感器进行相对介质损耗因数及电容量比值检测过程中发现，某线 A 相电流互感器末屏泄漏电流数值和相对电容量比值均较B、C 两相明显偏低，而相对介质损耗因数数值则在检测设备中显示为无。后检测人员又对某线电流互感器进行高频局部放电试验，发现 A 相电流互感器高频局部放电值与背景噪声接近，远小于 B、C 两相，初步判断某线 A 相电流互感器末屏存在绝缘缺陷。4 月 1日，某线停电后进行试验，A 相电流互感器一次主绝缘、末屏介质损耗及绝缘电阻检测数据均合格，与 B、C 两相无明显差异。检测人员在打开 A 相电流互感器二次接线端子箱后发现，端子箱内黄绿接地线用绝缘胶带包裹的部分与电流互感器末屏引出端子紧密依附，认为存在绝缘不良缺陷，并利用绝缘胶带对接地线重新进行处理后将某线投运。4

月6日，检测人员再次对某线电流互感器进行相对介质损耗因数及电容量比值检测，三相检测数据均合格，无明显差异，成功消除此缺陷。

4. 现场试验及解体检查情况

（1）现场试验情况：3月9日，检测人员首次对某线电流互感器进行相对介质损耗因数及电容量比值检测，检测数据如表2-7所示。

表2-7　　　　　3月9日某线电流互感器相对介损及电容量比值检测数据

一、基本信息

变电站	某变	试验单位	变检六班	试验性质	例行
试验日期	2017.3.9	试验地点	110kV 场地	试验人员	冯某某、宣某某、章某某、沈某某
试验天气	阴	环境温度（℃）	15	环境相对湿度（%）	65
设备名称	某线流变			参考设备名称	某线流变

二、检测数据

相别	A	B	C
末屏泄漏电流（mA）	0.9	15.2	14.6
相对介质损耗因数（%）	—	1.437%	1.154%
相对电容量比值	0.065	1.0384	1.006
参考设备介质损耗因数停电试验数据（%）	0.307	0.303	0.319
参考设备电容量停电试验数据（pF）	722.6	724.2	722.8

从表2-7中可以发现，某线A相电流互感器末屏泄漏电流仅为0.9mA，相对电容量比值仅为0.065，远低于B、C两相数值。利用钳形电流表对A相电流互感器末屏泄漏电流进行复测，发现与相对介质损耗测试仪检测数据吻合，而相对介质损耗因数更是无法检测出来。检测人员现场检查末屏接地引下线接地情况良好，初步判断某线A相电流互感器末屏内部或引出端子处存在绝缘缺陷，使得末屏接地引下线无电流通过。

3月10日，检测人员对某线电流互感器进行高频局部放电检测，检测结果如表2-8所示。

表2-8　　　　　3月10日某线电流互感器高频局部放电检测数据

一、基本信息

变电站	某变	试验单位	变检六班	试验性质	诊断性
试验日期	2017.3.10	试验地点	110kV 场地	试验人员	冯某某、宣某某、章某某、沈某某
试验天气	多云	环境温度（℃）	16	环境相对湿度（%）	56

二、检测数据

相别	背景	A	B	C
高频局放均值/最大值（dB）	−30/−26	−30/−22	4/21	3/23

从表2-8中可以发现，某线A相电流互感器高频局部放电均值/最大值仅为−30/−22dB，与背景噪声接近，远低于B、C两相数值，进一步验证了之前的结论。

4月1日，某线停役，检测人员对电流互感器进行停电试验，试验结果如表2-9所示。

表2-9　　　　　　　　　　　　4月1日某线电流互感器绝缘试验数据

一、基本信息

变电站	某变	试验单位	变检二班	试验性质	诊断性
试验日期	2017.4.1	试验地点	110kV 场地	试验人员	许某某、陈某某、李某
试验天气	晴	环境温度（℃）	20	环境相对湿度（％）	50

二、检测数据

相别	末屏绝缘电阻（MΩ）	一次主绝缘介损试验		末屏介质损耗试验	
		电容量（pF）	介质损耗因数	电容量（pF）	介质损耗因数（％）
A	20000	753.2	0.00323	1508	0.00359
B	20000	752.5	0.00306	1537	0.00335

从表2-9中可以发现，在拆掉末屏引出线后，某线 A 相电流互感器一次主绝缘、末屏介质损耗因数、电容量及绝缘电阻检测数据均与 B、C 两相无明显差异，试验结果合格，说明 A 相电流互感器末屏内部绝缘良好。

（2）解体检查情况：检测人员在打开某线 A 相电流互感器二次接线箱盖板后发现，端子箱内黄绿接地线用绝缘胶带包裹的部分与末屏引出端子紧密依附，如图 2-57 所示。

5.综合分析

综合以上检测结果及现场实际接线情况，检测人员判断很可能是由于此接地线绝缘胶带包裹部分绝缘不良，使得电流互感器末屏引出端子直接通过接地线

图 2-57　某线 A 相电流互感器
二次端子箱内接地线

短路接地，造成末屏接地引下线中无电流通过。基于此，检测人员对某线 A 相电流互感器二次接线箱内接地线绝缘胶带缠绕部分重新进行包裹处理，后顺利投运。

4月6日，检测人员对复役后的某线电流互感器再次进行相对介质损耗因数及电容量比值检测，检测数据如表2-10所示。

表2-10　　　　　　4月6日某线电流互感器相对介质损耗及电容量比值检测数据

一、基本信息

变电站	某变	试验单位	变检六班	试验性质	例行
试验日期	2017.4.6	试验地点	110kV 场地	试验人员	冯某某、宣某某、朱某某、叶某
试验天气	晴	环境温度（℃）	22	环境相对湿度（％）	40
设备名称		某线流变		参考设备名称	某线流变

二、检测数据

相别	A	B	C
参考设备末屏电流（mA）	14.89	14.91	14.89
被测设备末屏电流（mA）	15.48	15.48	14.97
相对介质损耗因数（%）	1.837	1.840	1.676
相对电容量比值	1.0396	1.0382	1.0054

从表 2-10 中可以发现，某线电流互感器三相检测数据无明显差异，检测结果均满足规程要求。至此，说明此缺陷已成功消除，设备运行情况良好，并进一步验证了此前的判断。

6. 结论

根据检测数据及现场实际接线状况，判断出某线 A 相电流互感器末屏泄漏电流值、相对电容量比值偏小主要是由以下原因引起：

（1）安装工艺不到位，电流互感器二次端子箱内接地线绝缘胶带包裹部分绝缘不良，使得末屏引出端子直接通过接地线短路接地。

（2）设计结构不合理，电流互感器二次端子箱内接地线紧固点与末屏引出端子距离较近，使得末屏引出端子与接地线直接接触。

（3）绝缘材料受潮老化造成绝缘强度降低，使得末屏引出端子通过接地线绝缘劣化部分直接接地。

7. 后续措施

（1）结合停电检修加强对同类设备该部位的检查处理，对于用绝缘胶带包裹的或已经出现绝缘劣化的部位，要及时进行更换处理，防止出现类似的绝缘缺陷。

（2）加强对电流互感器、电压互感器相对介质损耗因数及电容量比值检测的检测力度，及时发现并杜绝此类绝缘缺陷。

（3）建议厂方在设计制造设备或变电站设备安装时，更改二次端子箱内接地线紧固点的位置，避免接地线与各端子距离过近或直接碰触。

案例二　主绝缘异常

1. 异常概况

7 月 14 日，开展某 220kV 变电站巡视时，发现 220kV 母联开关电流互感器 C 相顶盖翘起，电流互感器顶部有渗油痕迹，油位超过最高值，红外测温无异常。停电检查 C 相电流互感器油色谱氢气、总烃含量超标，有微量乙炔，进行更换处理。解体检查发现该批次电流互感器制造工艺不良、器身主绝缘包扎松散，多采用聚酯薄膜代替皱纹纸，高压及铁心屏蔽工艺粗糙。

2. 设备信息

异常电流互感器 2003 年 9 月生产，2003 年 12 月投运，型号 LVB-252W2，上次检修时间为 2021 年 1 月。

3. 结论

2003 年生产的 LVB-252W2 型电流互感器制造工艺及材质不良，长期运行后绝缘性能下降，器身头部高压屏铜编织带等部位松动，导致铜编织带边缘等高场强部位发生持续性局部放电，大量产气导致膨胀器冲顶，如图 2-58 所示。

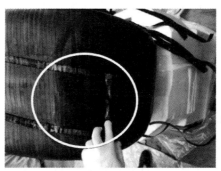

(a) 异常流变外观　　　　　　　　　　(b) 屏蔽铜带放电

(c) 聚酯薄膜绝缘及X蜡　　　　　　　　(d) 引线管放电痕迹

图 2-58　电流互感器性能下降

4. 后续措施

（1）组成排查运行中的该批次流变数量，并进行红外带电检测，必要时进行停电试验。

（2）加装改批次流变宽屏域在线监测装置，有疑问及处理，及时发现设备隐患，防止出现类似缺陷。

（3）采购备品并制定计划，开展对该批次流变的更换工作。

案例三　绝缘件缺失

1. 异常概况

7 月 26 日，某 220kV 变电站某独立电流互感器三相电流不一致（A 相 121A、B 相

96A，C 相 78A），对侧独立电流互感器三相电流无异常。现场检查电流互感器二次绕组电流与保护、测控装置内部采样电流一致，判断该独立电流互感器 B 相或 C 相本体存在异常，进行更换处理。解体检查发现该批次电流互感器二次绕组屏蔽铝壳两半之间无绝缘件隔离，并存在不稳定搭接现象。

2. 设备信息

异常电流互感器 2004 年生产，型号 LVB-252W2。

3. 结论

2004 年生产的 LVB-252W2 型电流互感器二次绕组屏蔽铝壳存在设计问题，二次绕组屏蔽铝壳的两半接缝尺寸小且无绝缘件隔离，运行过程中易出现搭接的情况，二次绕组屏蔽铝壳绕接在铁心上形成"穿心环"，与二次绕组并联，出现了分流现象，导致二次绕组的感应电流减小。

4. 后续措施

（1）立即排查运行中的该批次流变，并进行一二次带电检测，检测是否存在异常，必要时进行停电试验，防止出现类似的绝缘缺陷。

（2）采购备品并制定计划，开展对该批次流变的更换工作。

（3）在流变更换前加强二次回路带电检测，及时发现设备隐患。

案例四　末屏绝缘破损

1. 异常概况

6 月 14 日，发现某变扩建 4 号主变 B 相低压 b 套管升高座电流互感器（下称 CT）线圈（10S1-10S2，10S1-10S3）绕组对地绝缘电阻 0MΩ 的情况进行如下说明：CT 在升高座中的装配结构见图 2-59，图中 1、2 项为线圈与升高座箱体之间的固定层压木及绝缘纸，线圈与壳体两端以及线圈之间均有绝缘纸板垫衬。该 CT 线圈的装配结构与升高座壳体之间会保持良好绝缘，正常情况不会出现绝缘为零的情况。经分析异常原因极有可能是二次引线与升高座壳体存在接触点。二次引线的冷压端头安装在接线板的外围接线柱上，冷压端头与引线之间有可能出现铜线外露现象，裸露的铜线与壳体侧面安装接线板的法兰可能有接触，或者接线端子接触法兰。

2. 现场试验及解体检查情况

（1）将风冷母联大联管蝶阀（上下 16 个）关掉，将风冷系统的油与本体的油隔离，再将瓦斯两边的阀门关掉，将油枕的油与本体油隔离。从本体把油打到油枕，至油箱顶盖。

（2）待油位降低至接线板法兰以下，拆除接线板检查线圈引线。

（3）用摇表对线圈单独进行对地绝缘试验，如绝缘值达到合格标准即表明线圈引线与壳体有连通现象。

（4）查找接触部位，现场对薄弱点进行绝缘防护处理。

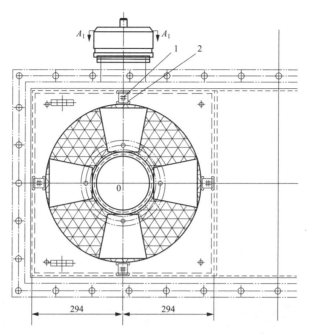

图 2-59　CT 在升高座中的装配结构图

（5）检查接线板本身质量问题。

（6）待所有问题解决后，装配好接线板进行对地绝缘试验。

（7）对线圈进行变比、励磁特性、直流电阻测试参照出厂数值进行比较。

对问题 CT 引出线进行检查，发现 CT 引出线绝缘层破损，引出线铜线未出现变形、损伤等异常。现场对绝缘重新进行包扎，并使用黄蜡管再次加强，处理完毕后测试绝缘电阻为 11GΩ。处理前后 CT 引出线情况如图 2-60 所示。

(a) 处理前

(b) 处理后

图 2-60　处理前后 CT 引出线情况

3. 结论

经查，4 月 17 日现场发现中性点 TPY-66 和低压 bTPY-35 电流互感器各 1 只线圈

195

数据存在异常，厂家人员至现场进行检测处理。复装时因人员操作失误，紧固金属盖板时误将此 CT（10S1-10S2，10S1-10S3）一根引出线压至金属盖板下部，导致引出线绝缘层破损短接，引线绝缘电阻降为 0。

4. 后续措施

后续要求厂家重新制作 B 相低压 4 只 CT 作为备用，待该变压器停电检修时进行更换处理。变压器厂家承诺，投运 5 年内 B 相低压 CT 出现质量问题由厂家免费进行处理。

案例五　二次接线盒漏油

1. 异常概况

4 月 15 日，某公司开展某 220kV 变电站巡视时，发现某线流变 A 相二次接线盒漏油，漏油速度一分半钟一滴，油位接近最低值（见图 2-61），A 相宽频域监测末屏电流为 0.13mA（见图 2-62，B、C 相分别为 11.6mA、11.9mA），存在较大运行风险。

图 2-61　某变某线流变 A 相油位及渗漏油情况

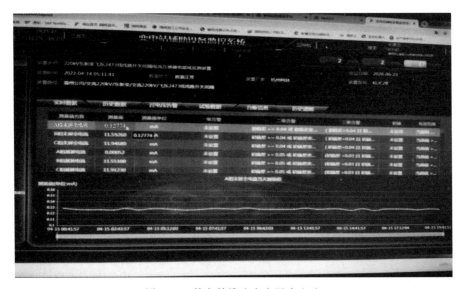

图 2-62　某变某线流变末屏全电流

2. 设备信息

220kV某变某线流变型号IOSK245，为倒置式，出厂日期2006年6月，投运日期2006年6月。上次检修时间为2019年4月20日，同步开展宽频域装置末屏引下改造，上次巡视时间为2022年4月13日，此次停电前红外测温，均未发现异常。

3. 现场试验及解体检查情况

检查发现流变二次端子排中的末屏引出线连接端子存在烧融，末屏在端子下部引至宽频域的红线已脱开，末屏在端子上部接线牢固且烧灼严重，用手力拽也不能脱开，末屏与端子盒内的接地连接可靠。接线板末屏引出线附近有放电灼烧痕迹，端子盒内有油迹，如图2-63所示。本体套管介损试验和油色谱数据正常（见图2-64），末屏绝缘不良不能加压。

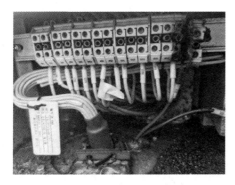

图2-63　某变某线流变A相二次端子盒内部情况

设备名称 \ 项目	2473线 CTA	2473线 CTB	2473线 CTC
氢气(ppm)	15.47	27.167	44.271
甲烷(ppm)	2.434	2.584	2.477
乙烷(ppm)	0.61	0.719	0.536
乙烯(ppm)	0.062	0.098	0.07
乙炔(ppm)	0	0	0
总烃(ppm)	3.106	3.401	3.083
一氧化碳(ppm)	156.93	183.797	189.482
二氧化碳(ppm)	290.111	313.818	318.775

图2-64　某变某线流变A相电容量介损测试及油色谱数据

4. 综合分析

历史类似缺陷比对：2020年11月18日yy线同型号流变C相末屏接地电流在线监测以及现场测量均为0mA，打开流变二次接线盒发现二次接线板中间部位已被击穿，有油自击穿部位渗出，如图2-65所示，其余部位未发现明显放电痕迹，末屏绝缘电阻为零。

图 2-65 某线同型号流变 C 相渗油情况及其他类型末屏引出接线

此次缺陷发展：某变某线流变宽频域装置于 2019 年 4 月 23 日安装投运，2021 年 7 月 5 日前，末屏接地电流采样正常。2021 年 7 月 5—7 日，220kV 某变某线流变 A 相末屏电流出现波动并最后归零（见图 2-66）。两次缺陷共同点：均在流变接线板末屏引出处发现了放电痕迹，且造成了此处密封破坏。不同点 yy 线 C 相端子排处未见明显放电灼烧痕迹，但端子排上部接线有松动迹象，某线 A 相端子排烧灼明显。

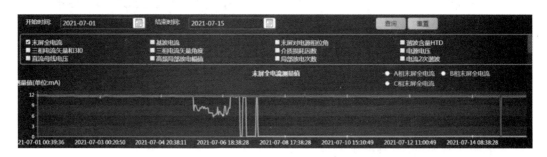

图 2-66 某变某线流变 2021 年 7 月 5—7 日末屏全电流

初步分析认为：两次放电渗漏油均为末屏虚接引起，某线 A 相缺陷持续时间更久，因此造成的损坏更严重，端子已完全烧毁，末屏在接线端子下部接线已脱开，初步判断此处松动造成了悬浮放电，长时累积放电造成端子烧毁，末屏接触不良产生的悬浮电位在接线板处对相邻二次绕组放电，损坏二次出线板绝缘密封，导致渗漏油。yy 线 C 相因只在接线板位置有放电痕迹，分析认为末屏在端子处的虚接产生了悬浮电位，末屏与二次线路在接线板处绝缘更加薄弱，先行放电，放电持续时间不久，端子排处未发现明显痕迹，端子箱内有渗漏油但未渗出端子箱。

因此运行中流变 A 相末屏在端子排下部松动或末屏和二次回路接地电位差异产生放电，长时累积放电造成端子烧毁，末屏接触不良产生的悬浮电位在接线板处对相邻二次绕组放电，损坏二次出线板绝缘密封，导致渗漏油。

5. 结论

（1）末屏放电烧蚀原因不明确。2020 年 11 月某变某线 C 相曾发生类似渗漏油事件

（烧蚀部位不同，某线流变为内部末屏引线与端子排之间，本次为端子排与末屏引下线之间），同为某公司 IOSK245 型，该型号末屏引出方式（端子排改接方式，常规多为螺母紧固引出）、地电位抬高等问题对末屏放电的影响程度有待进一步验证。

（2）宽频域电压监测数据管控不到位。该流变 2019 年 4 月完成宽频域末屏引下改造，2020 年 11 月宽频域电压监测投入运行。直至缺陷发生，该流变末屏基波电流等特征量未完成初值设置，导致无法告警。该流变宽频域监测数据自 2021 年 7 月 5 日起，A相电流发生明显异常，至 7 月 7 日完全跌落至 0，表明末屏引线已断线，针对宽频域监测数据分析应用不到位，未及时发现该异常现象提前进行处置避免缺陷发生。

6. 后续措施

（1）4 月 16 日-17 日安排对某变某线三相流变都进行了更换。

（2）针对某变两次流变末屏放电导致的二次端子箱密封失效漏油事件进行专题分析，开展必要的解体检查，明确末屏引出引下方式、地电位抬高的影响，明确异常原因。

（3）对辅控中在线监测监控及数据管理进行全面梳理，推进宽频域辅控接入、初值设置、告警策略部署等工作，确保装置功能有效发挥。

（4）加强流变宽频域数据分析应用。严格落实装置数据"日比对、周分析、月总结"工作，杜绝仅看告警信号情况，4 月 22 日前对完成一轮次流变宽频域数据核对分析工作，发现异常及时处理，后续流变停电检修时，应对末屏引下线回路及接线端子紧固情况进行检查并做好记录。

参 考 文 献

［1］ 杨国波，吴松林，黄卫东．变电一次设备缺陷管理思路及典型缺陷分析．科学与技术．2021.

［2］ 史兴华．变电设备典型缺陷处理和隐患排查．北京：中国电力出版社，2012.

［3］ 张强，李明．电力系统设备缺陷分类与管理研究．北京：电力工业出版社，2018.

［4］ 赵刚，刘芳．红外热像技术在电力设备缺陷检测中的应用 红外技术．2019.

［5］ 王强，张华．电力设备缺陷检测与维护技术的未来展望．电气技术．2022.